T0208962

Alles Bio oder was?

Reinhard Renneberg · Viola Berkling · Iris Rapoport

Alles Bio oder was?

Mit Cartoons von Ming Fai Chow
und Ekkehard Müller

Springer

Autoren

Prof. Dr. Reinhard Renneberg
The Hong Kong University of Science and Technology
E-Mail: chrenneb@ust.hk

Viola Berkling
E-Mail: viola.berkling@googlemail.com

Dr. Iris Rapoport
E-Mail: iris.rapoport@aol.de

Cartoons
Ming Fai Chow und Ekkehard Müller

ISBN 978-3-662-50277-8 ISBN 978-3-662-50278-5 (eBook)
DOI 10.1007/978-3-662-50278-5

Die Deutsche Nationalbibliothek verzeichnet diese Publikation in der Deutschen
Nationalbibliografie; detaillierte bibliografische Daten sind im Internet über
http://dnb.d-nb.de abrufbar.

Springer

Planung: Merlet Behncke-Braunbeck
Layout/Gestaltung: Darja Süßbier
Einbandabbildung: Ekkehard Müller

Gedruckt auf säurefreiem und chlorfrei gebleichtem Papier.

Springer ist Teil von Springer Nature
Die eingetragene Gesellschaft ist Springer-Verlag GmbH Berlin Heidelberg

Vorwort

Das Wissen, wie Leben funktioniert, wächst rasant! Auch die Nutzung der dabei enthüllten Prinzipien hält diesen schnellen Schritt mit. Doch die Kenntnisse des Einzelnen drohen zurückzubleiben! Anders gesagt, mit sich anhäufenden Kenntnissen droht wissenschaftlicher Analphabetismus. Das ist nicht nur unbefriedigend, sondern schlimmer, es liefert uns aus.

Manipulation und Hysterie haben es leicht.

Da muss man was gegen tun, dachte Steffen Schmidt, Wissenschaftsredakteur bei der Tageszeitung *Neues Deutschland* schon vor Jahren – und so waren die Biolumnen geboren.

Zu Beginn stellte sich Reinhard Renneberg dieser Sisyphos-Arbeit allein. Das Interesse, ob als Einzelartikel in der Zeitung gedruckt, ob in Buchform zusammengefasst, ist groß – Übersetzungen ins Englische, Russische und sogar Chinesische zeugen davon.

Um diese Sisyphos-Arbeit besser zu schultern, trat 2011 Viola Berkling hinzu. Und an diesem nun schon vierten Biolumnen-Büchlein hat auch Iris Rapoport wesentlichen Anteil. Alle sind wir beseelt, unser Wissen zu teilen – mit Studenten und jedem, der daran interessiert ist.

Anders gesagt, hier findet eine fruchtbare Symbiose von angewandter und Grundlagen-Wissenschaft statt. Deshalb die Erweiterung des Kreises und damit des

Herangehens an die Themen, die unterschiedlichen Sichten, die sich, wie wir finden, sehr gut ergänzen.

Unser aller Dank geht an Steffen Schmidt. Steffen ist ein „gütiger Tyrann", der unerbittlich auf Klarheit und Kürze drängt, was bei der Komplexität vieler Themen wahrlich nicht einfach und immer eine Gratwanderung ist und bleibt. Durch das 3000-Anschläge-Korsett werden die Beiträge kurzweilig. Er hat es geschafft, dass die Vignetten von Master Ming Fai Chow, Hongkong, und Meister Ekkehard Müller, Dresden, zumindest auf den online-Seiten der Zeitung (*www.nd-online.de*) in Farbe erstrahlen.

Unser geliebter Springer-Verlag in Heidelberg wird das im 5. Büchlein hoffentlich realisieren.

Also kurz: *Bon voyage*, ALLES BIO – ODER WAS?!

Reinhard Renneberg, Iris Rapoport und Viola Berkling
Februar 2016

Inhalt

Die Verfettung der Welt

19.01.13

Gerade komme ich von einer Party mit den lieben Kollegen und ihren Kids. In Hongkong gilt Chinas Zwei-Kind-Regel nicht. Es wurde wie immer reichlich gegessen und getrunken.

Etwas irritiert mich: Die Hälfte der chinesischen Kinder ist zwar sehr niedlich, aber schlichtweg zu dick. Ein Drittel der Yankees ist ja bekanntlich fett, passend zum historischen Niedergang ihres Landes, aber die künftigen Supermächte China und Indien folgen leider schnurstracks deren verhängnisvoller, von Junkfood dominierter Ernährungsweise.

Weltweit gibt es bereits 500 Millionen übergewichtige Erwachsene. Und ihre Zahl wächst rasant. Fette Menschen haben ein erhöhtes Risiko für Herz-Kreislauf-Erkrankungen, einige Krebsformen, Diabetes Typ 2, Osteoarthritis, Asthma.

Wo kommt diese Epidemie her? Unsere Gene haben sich in den letzten 30 Jahren doch nicht wesentlich verändert. Also Ernährung, Bewegungsmangel plus genetische Veranlagungen, Epigenetik?

Alles richtig! Doch darüber hinaus wurden inzwischen recht überraschende Dickmacher gefunden: Bakterien! Shanghaier Forscher haben in einer Studie über acht Jahre hinweg den Zusammenhang zwischen Darmbakterien und Fettsucht untersucht.

In der Zeitschrift der International *Society for Microbial Ecology* (ISME) berichtet Zhao Liping von der Jiao Tong University in Shanghai, dass er Bakterien identifi-

ziert hat, die Fettsucht verursachen. *Enterobactercloacae* wurde im Darm von extrem fetten Menschen besonders häufig gefunden. Auf einer Pressekonferenz berichtete der Shanghaier Forscher, dass ein Giftstoff des Bakteriums, ein Enterotoxin, Gene im Menschen aktiviert, die Fett speichern, und umgekehrt Gene lahmlegt, die einen Fettverbrauch steuern. Ein ursprünglich 175 Kilogramm schwerer Patient bekam eine Diät aus Vollkornnahrung, einigen Mitteln der traditionellen chinesischen Medizin und sogenannten Präbiotika. Diese Ernährung dezimierte *Enterobacter cloacae* nahezu völlig.

Und der Patient verlor in nur neun Wochen 30 kg und nach 23 Wochen gar 51 kg seines Gewichts. Auch überwand er seinen Bluthochdruck ebenso wie seine Fettleber und Diabetes Typ 2.

Selbst einer der beiden Autoren der Studie, Meister Zhao, verlor mit der gleichen Methode in zwei Jahren 30 kg, die er sich bei einem mehrjährigen USA-Aufenthalt angefressen hatte.

Bei keimfrei aufgezogenen Mäusen zeigte sich ein analoger Effekt: Mit Enterobakterien infiziert, verfetteten sie sofort. Eine bequeme Ausrede? Nein. Denn sie verfetteten nur, wenn sie zugleich fettreiche Nahrung fraßen. Die Winzlinge sind also nicht an allem schuld. Die Regel bleibt: bewusste Ernährung!

Wem das alles merkwürdig vorkommt: Barry Marshall und Robin Warren aus dem australischen Perth fanden 1982 das Magenkrebs verursachende Bakterium *Helicobacter pylori* und wurden damals ausgelacht:

Die Magensäure töte doch alle Bakterien sofort ab.

23 Jahre später bekamen sie den Nobelpreis für Medizin!

Fett durch Antibiotika?

In den USA werden Nutztiere behandelt so ähnlich wie wir im Krankenhaus!

Was – sooo gut? Naja, 02.02.13 eher so schlecht! Nämlich: wenig Platz und ständige Antibiotika-Gaben. Das Krankenhaus will uns natürlich schnellstens gesund machen; US-Farmer wollen dagegen Tiere schnellstens fett mästen.

Nach der Entdeckung des Penicillins durch Alexander Fleming fanden in den 1940ern Antibiotika-Forscher heraus, dass niedrige Penicillin-Dosen als Nebeneffekt das Gewicht von Versuchsmäusen erhöhen. Bei dem riesigen lebensrettenden Nutzen des Medikaments war diese Nebenwirkung zu verschmerzen.

Doch pfiffige Bauern begannen recht bald, diesen Effekt bei der in Amerika entstehenden industriellen Mast einzusetzen! In den 1980ern wurde es dann ganz selbstverständlich, den Futtermitteln Antibiotika beizumengen. Weitere 30 Jahre später gehen sagenhafte 80 Prozent der verkauften Antibiotika in den USA an die Pharmer, pardon: die Farmer!

Davon wird natürlich das Mikrobiom der Verdauungsorgane beeinflusst. Dieses wimmelnde Ökosystem in uns Säugetieren beherbergt Milliarden von Mikroben und wirkt sich auch auf unseren Gesundheitszustand aus. Dort wird von der Verdauung über Allergien bis zur Abwehr pathogener Mikroben vieles reguliert und entschieden.

Martin J. Blaser und sein Team an der New York University machten einen Versuch, bei dem sie Mäuse

regelmäßig mit der auf ihre Körpergröße umgerechneten Menge Antibiotika-Futter versorgten (»Nature«, Bd. 488, S. 621). Das Ergebnis: Nach sieben Wochen war deren Mikrobenwelt im Bauch total verändert und sie hatten

10 bis 15 Prozent an Körperfett zugelegt! Die Antibiotika scheinen entweder die vorhandenen Mikroben zu befähigen, mehr Energie aus der Nahrung zu beziehen oder die vorhandenen durch »effektivere« zu verdrängen. Oder beides – Ergebnis ist jedenfalls mehr Fett im Körper, das dieser gut einlagern kann.

Der noch bedrohlichere Effekt sind die entstehenden antibiotikaresistenten Bakterienstämme.

Vor allem deshalb sind in der EU seit Anfang 2006 Antibiotika als Futterzusatz verboten. Bereits seit 1995 ist es Veterinären in Dänemark untersagt, vom Verkauf der Antibiotika an Landwirte finanziell zu profitieren. Vorher war das durchaus lukrativ.

Es gibt also viele Gründe, warum die Amis zu 63 Prozent übergewichtig sind. Im Grunde schießen sich diese dicken Cowboys selbst in den Fuß, wenn sie ihr Fleisch in Tierfabriken mit Antibiotika »anreichern«. Der Kreis schließt sich …

Diese Fehler haben die Europäer hoffentlich rechtzeitig erkannt. Stimmt die Hypothese von Martin Blaser, so könnte uns zumindest diese Form der Amerikanisierung erspart bleiben.

Das wäre dann echt einen zweiten Nobelpreis für die EU wert!

Tee als Altersbremse

Tee ist, nach Wasser, das in der Welt populärste Getränk. Wer regelmäßig Tee trinkt, erkrankt seltener an Krebs, Osteoporose und Herz-Kreislauf-Problemen. Zu diesem Ergebnis gelangten bereits zahlreiche Langzeitstudien.

16.02.13

Camellia sinensis, so der botanische Name der Teepflanze, ist wohl die am besten wissenschaftlich untersuchte Genussmittelquelle.

Der gebrauchsfertige Tee enthält neben anderen Substanzen sogenannte Thearubigene. Sie (und Stoffe aus der Gruppe der Theaflavine) entstehen während der Fermentation der Blätter zu Schwarzem und Oolong-Tee und gehören zur Gruppe der Polyphenole.

Lange war man davon ausgegangen, dass diese Polyphenole vor allem als Antioxidanzien wirken. Diese binden freie Radikale und verhindern damit Schäden an Zellen. Nun haben Forscher herausgefunden, dass die Wirkung der Pflanzenstoffe auf Wechselwirkungen mit der DNA basiert.

Möglich wurde dies durch ein neues Analysegerät – das »Fouriertransformations-Ionencyclotronresonanz-Massenspektrometer«. Wissenschaftler der Jacobs-Universität Bremen um Nikolai Kuhnert und seine Kollegen von der englischen Universität Surrey hatten es vor zwei Jahren fertiggestellt.

Damit fanden sie 10 000 aromatische Thearubigene, das sind 60 bis 70 Prozent der gelösten Stoffe im Schwarzen Tee!

Man fand sie insbesondere in den Zellkernen. Dabei fiel auf, dass die »Favoriten« Epigallocatechin-Gallat (Grüner Tee) und Theaflavin-Digallat (Schwarzer Tee) besonders häufig Verbindungen gerade mit jenen Molekülen eingehen, die sich am Ende von Chromosomen befinden. Diese DNA-Endteile, auch Telomere genannt, schützen die Chromosomen vor Zerstörung. Bei einer Zellteilung schneidet das Enzym Telomerase allerdings einen Teil der Telomere ab. Ist eine kritische Verkürzung erreicht, ist ein Teilen nicht mehr möglich und die Zelle stirbt.

Regelmäßige Teetrinker können diesen Prozess zumindest verlangsamen, weil die Tee-Verbindungen den Abbau der Telomere verzögern. Dadurch wird die Zell-Lebensdauer stabilisiert und verlängert.

Bei einem Versuch mit Fruchtfliegen, denen Tee-Extrakt zum Verzehr gegeben wurde, lebten diese etwa 20 Prozent länger. Rein mathematisch wären das für uns Menschen auf der Basis von 80 Lebensjahren ganze 16 weitere ...

Übrigens: Der in Grün- und Schwarztee enthaltene Wirkstoff, umgangssprachlich oft als »Tein« bezeichnet, ist auch nur Koffein. Im Kaffee aber ist der Wirkstoff an einen Chlorogensäure-Kalium-Komplex gebunden, der beim Kontakt mit Magensäure das Koffein sofort freisetzt. Es wirkt deshalb schnell. Dagegen ist das Koffein im Tee an Polyphenole gebunden und wird erst im Darm freigesetzt. So wirkt es später und anhaltender.

Aus dem Privatleben des lieben Gottes ist wenig bekannt. Angesichts der Tausende liebevoll konstruierten Verbindungen in einem einzigen Getränk kann man jedoch nur folgern: Gott muss ein Teetrinker sein!

Also, man sieht es Reinhard nicht an, aber er ist eigentlich Kenianer, vielleicht sogar aus dem Nach-

DNA und Kirchenbuch (1)

02.03.13

bardorf von Barack Obamas Vorfahren! Das weiß er aus der DNA-Analyse seiner Mundschleimhaut, genauer: der Analyse des männlichen Y-Chromosoms.

Die DNA wurde für 150 US-Dollar im Rahmen des »Genographic Project« (https://*genographic.nationalgeographic.com*) analysiert. Das Projekt hat sagenhafte 579 685 (Stand Februar 2013) Menschen in aller Welt analysiert.

Man untersuchte auf dem Y-Chromosom sogenannte »snips«, DNA-Mutationen, die für bestimmte Menschengruppen typisch sind. Reinhards genetische Haplogruppe ist E3b (M35).

Hier die Kurzfassung: Sein Vorfahr mit dieser Haplogruppe wanderte vor rund 40 000 Jahren aus dem Gebiet des heutigen Kenia nach Norden und durchquerte dafür die Sahara. Die war damals durch das Abschmelzen des europäischen Eises für kurze Zeit grün und bewohnbar geworden.

Kurz danach war dieses »Tor zur Welt« wieder geschlossen.

Man muss sich mal klarmachen, dass wir alle, die heute Lebenden, die erfolgreichsten Lebewesen der Erdgeschichte sind. Wäre etwa der Tümpel, in dem unsere kaulquappenartigen Vorfahren lebten, ausgetrocknet, würden wir heute nicht diese Zeilen lesen.

Wäre unser Ahne damals in der Sahara verdurstet, wären wir nicht hier!

Weiter ging die Wanderung dann über Ägypten und Israel. Die DNA-Spur endet väterlicherseits vor rund 10 000 Jahren in Griechenland und mütterlicherseits, aus der Mitochondrien-DNA analysiert, in Siebenbürgen.

Und wie ging es weiter? Hier helfen nur schriftliche Dokumente wie etwa alte Kirchenbücher! Auf die sogenannten »Ariernachweise« der NS-Zeit kann man wenig bauen, denn Gott sei Dank halfen seinerzeit auch manche gute Christen, die jüdischen Ahnen zu unterschlagen. Das rettete im Dritten Reich des offensichtlich weder blonden noch blauäugigen Herrn Schicklgruber Menschenleben.

Wir zwei Biolumnisten meldeten uns im Kirchenarchiv Magdeburg an. Hier wälzten wir die aus dem gesamten Gebiet der ehemaligen preußischen Provinz Sachsen ordentlich zusammengetragenen Kirchenbücher: Hochzeiten, Geburten, Begräbnisse, alles akribisch aufgezeichnet. Die staubigen Bücher bekamen wir leider nicht in die Hand, alles abfotografiert auf derzeit über 7000 Mikrofilmen.

Ganz toll, aber niederschmetternd viel! Und in der uns fremden Kurrentschrift aufgezeichnet, die uns rätselhaft und geheimnisvoll erscheint.

»Oh, mein Gott! Das kann ja Wochen dauern!«, seufze ich fauler Mensch. Dann entdecken wir einen jungen Mann, der virtuos mit den Dokumenten jongliert und die Mikrofilme der Kirchenbücher versiert durchackert. Ein Profi!? Wir sprechen ihn kurz entschlossen an. Zum Glück, wie wir heute wissen.

Lesen Sie in zwei Wochen, wie es weitergeht.

DNA und Kirchenbuch (2)

Im Magdeburger Kirchenarchiv treffen wir auf Daniel Riecke – einen von Geschichte und Genealogie Besessenen, der sein Hobby zum Beruf gemacht hat (*www.gfg-md.com*).

16.03.13

Die Ahnen von Reinhards Mama aus Siebenbürgen sind recht gut dokumentiert, jedoch nicht in Magdeburg archiviert. Bei seinem blonden, blauäugigen Papa Herbert aus Luppenau bei Merseburg fand sich nur der berüchtigte »Arier-Nachweis« der Nazis. Hier setzt Daniel an. Akribisch übersetzt er uns alte Kirchenbuchseiten.

RR hatte mit Hilfe der DNA-Analyse bereits selbst herausgefunden, dass sein Erbgut (wie bei fast allen Deutschen) zu einem großen Teil aus dem Mittelmeer-Raum stammt, also arabischen und jüdischen Ursprungs ist.

Daniel ermittelte nun detektivisch als frühesten nachweisbaren »Renneberg« Michael Renneberg, einen Hirten in Löbersdorf, vermutlich um 1660/1670 geboren und 1727 gestorben. Hirten haben unter Ahnenforschern den Ruf, besonders umzugsfreudig gewesen zu sein, doch im Vergleich zu unseren gemeinsamen Urahnen aus Kenia sind sie nicht sehr weit herumgekommen!

Jetzt endlich kann Reinhard seine väterliche Ahnenreihe bis zu diesem Vorfahren lückenlos zurückverfolgen. Von seinen Urururgroßeltern z. B. sind elf Kinder urkundlich bekannt: Der Erstgeborene Friedrich wurde sein Ururopa. Ihr letztes Kind, Friederike, erblickte am 26. 8. 1851 in Lössen das Licht der Welt, fast genau 100 Jahre vor Reinhard. Uropa Friedrich Franz Renneberg (1875-

1952) war Maurermeister. 1899 ehelichte er die Uroma Pauline Ernestine Rammthor (1874-1959), die RR noch gekannt hat. Ihre vier Kinder wurden zwischen 1901 und 1908 geboren, darunter Großvater Alfred 1905 in Kriegsdorf, heute Friedensdorf. 1930 heiratete er die 1908 in Lössen geborene Anna. Sie war die Tochter der seit 1890 verheirateten Friedrich Albert Block (1866–1940) und Susanna Guenther aus Schlesien.

Die Blocks hatten neun Söhne und schließlich ganz am Ende ein Mädchen – Reinhards Oma Anna Helene. Beim siebenten Sohn, Friedrich Wilhelm Block, war Kaiser Wilhelm II., König von Preußen, ein Taufpate. Der Kaiser brauchte dringend Soldaten: Drei der Block-Brüder starben im Ersten Weltkrieg.

Oma Anna Helene Block wurde von ihren Brüdern »beschützt«, indem diese ihren Liebsten Alfred Renneberg gnadenlos verprügelten.

Dann aber hatte dieser doch Glück im Unglück und schwängerte die Jungfer Anna anno 1927 in einem offenbar unbewachten Moment. Die Hochzeit 1930 sollte die »Schande« tilgen, Spross Herbert ist als Dreijähriger auf dem Hochzeitsfoto versteckt.

Reinhards Eltern Ilse Schmidt (Tochter eines Pfarrers und Doktors der Biologie) und sein Papa Herbert heirateten 1950 in Lössen, wo beide als Neulehrer in einer Sechsklassen-Schule unterrichteten.

In eben dieser Schule erblickte am 20. Juli 1951 der Biolumnist zur Freude aller das Licht der Welt. Es heißt, die Schüler rissen sich darum, das niedliche Baby ausfahren zu dürfen.

Und nun kennen Sie die wahre Geschichte des Biolumnisten RR.

Apatit und Vitamin D

Kürzlich war ich in Hongkong bei einem der Biolumnisten zu Gast. Die Stadt ist gerade um eine Attraktion reicher geworden: Einzigartig in der Welt erstrecken sich ockerfarbene Säulen vulkanischen Ursprungs im Osten der Stadt bis ins Meer. Seit kurzem ist das imposante Naturbauwerk der Öffentlichkeit im »Geopark« zugänglich.

Die vulkanische Schmelze ist zu haushohen sechseckigen Säulen erstarrt, eine geometrische Form, die in der Natur nicht selten ist (Bienenwaben). So hat auch der Apatitkristall, der unseren Knochen und Zähnen die Härte gibt, einen sechseckigen Grundriss. Dieser Kristall enthält Kalzium.

Die Hauptmenge des lebenswichtigen Elements in unserem Körper ist in den Knochen gespeichert. Damit das Kalzium aus der Nahrung im Darm richtig aufgenommen wird und nur an jenen Stellen im Körper, wo wir sie benötigen, Kristalle bildet, brauchen wir gleichzeitig Vitamin D. Ohne ausreichend Vitamin D erhöht bereits eine Kalziumzufuhr, die gerade mal die täglichen Verluste ersetzen könnte, das Risiko einer Verkalkung der Blutgefäße und damit das Risiko, einen Herzinfarkt zu erleiden.

Woher bekommen wir das so wichtige Vitamin D? Man muss seinen Doppelcharakter kennen: Es ist Vitamin und Hormon zugleich. Als Hormon können wir es im Körper selbst produzieren – aus Cholesterol. Dazu benötigen wir allerdings ausreichend Sonnenlicht, denn ein wichtiger Schritt der Synthese geschieht in der Haut

unter Nutzung seines ultravioletten Anteils (UV-B). Prinzipiell kein Problem für Menschen in Hongkong, sehr wohl aber in Deutschland. Zwischen September und März ist die Sonne nicht intensiv genug, wir können kein Vitamin D bilden.

Also müssen wir es in dieser Zeit als Vitamin aus der Nahrung beziehen.

Leider sind nur wenige Nahrungsmittel gute Vitamin-D-Quellen. Die Beste ist Fisch – wieder kein Problem in Hongkong, wohl aber in Deutschland.

Wenn man deutsche Ernährungsgewohnheiten zugrunde legt, ergibt sich, dass wir durch die Nahrung etwa 20 Prozent unseres täglichen Bedarfes decken, den Rest müssen wir durch die im Sommer angelegten Speicher ausgleichen. Und da diese meist nicht ausreichen, entsteht bei sehr vielen Menschen jeden Alters spätestens im Winter ein Vitamin-D-Mangel.

Die Folge ist ein erhöhtes Risiko, an Osteoporose zu erkranken, einen Herzinfarkt zu erleiden, und zusätzlich eine größere Infektionsgefahr.

Dem kann man auf verschiedenen Ebenen entgegenwirken: im Sommer durch Steigerung der Vitaminsynthese.

Das verlangt Augenmaß sowohl beim Sonnenbaden als auch bei der Nutzung von Sonnenschutzcreme, die die UV-B-Wirkung mindert. Bei der Ernährung vor allem durch Essen von mehr Fisch. Pilze kommen als weitaus schlechtere Quelle ebenfalls in Betracht, allerdings müssen auch sie der UV-B-Strahlung ausgesetzt gewesen sein. Als schlechteste Möglichkeit bleibt die Zufuhr als Nahrungsergänzungsmittel.

Summa summarum: Kalzium immer mit ausreichend Vitamin D zuführen und umgekehrt.

Olivenöl nicht vergessen

Kann Olivenöl der ersten, »jungfräulichen« Kaltpressung (»Extra Virgin«) wirklich das Alzheimer-Risiko reduzieren? Dies verheißt jedenfalls eine neue Studie, die im US-amerikanischen Journal »*ACS Chemical Neuroscience*« veröffentlicht wurde.

20.04.13

Dort berichten Wissenschaftler, wie der Genuss von genau diesem Olivenöl hilft, die abnormen Eiweiße bei Alzheimer aus dem Gehirn zu eliminieren. Ausgangspunkt der Überlegungen von Amal Kaddoumi und ihren Kollegen von der University of Louisiana in Monroe war, dass weltweit etwa 30 Millionen Menschen von der Alzheimer-Krankheit betroffen sind.

In den Ländern des Mittelmeerraums, wo großzügig Olivenöl genossen wird, ist sie jedoch weniger verbreitet. Das muss doch einen Grund haben!

Die Wissenschaft führt das schon lange auf die hohe Konzentration von einfach ungesättigten Fettsäuren im Olivenöl zurück, die ja über 80 Prozent der Fettsäuren ausmachen. Diese induzieren die Bildung des Proteins ApoA1 und damit des »guten« Cholesterins HDL.

Die neuere Forschung lässt aber vermuten, dass die tatsächlich entscheidende Substanz Oleocanthal sein könnte. Es schützt die Nervenzellen vor Schäden, die bei der Alzheimer-Krankheit auftreten.

Als Verursacher für Alzheimer gilt das β-Amyloid, das sich im Gehirn anhäuft. Kaddoumis Team suchte nun nach Beweisen, ob und in welchem Maße Oleocanthal dazu beiträgt, dieses von dort fernzuhalten oder abzu-

bauen. Die Forscher beschreiben die Auswirkungen des Oleocanthals in Gehirnen und kultivierten Hirnzellen von Labor-Mäusen. In beiden Fällen zeigte Oleocanthal ein einheitliches Muster: Die Produktion zweier Proteine und wichtiger Enzyme wird angeregt. Man vermutet, dass genau sie das kritische β-Amyloid aus dem Gehirn verbannen.

Fazit: Das Oleocanthal im Extra-Virgin-Olivenöl, dem Kronjuwel der mediterranen Ernährung, hat anscheinend die Fähigkeit, das Alzheimer-Risiko oder ähnliche neurodegenerative Demenzen zu verringern.

Passend dazu Ende März ein Artikel in der »New York Times« über die Arbeit eines Teams von Ernährungswissenschaftlern um Malte Rubach am Forschungszentrum für Lebensmittelchemie Freising. Sie versuchen, den Einfluss von Geruchs- und Geschmackskomponenten im »olivgrünen Gold« auf unsere tägliche Energiezufuhr nachzuweisen. Dazu verglichen sie auch drei Monate lang fünf Kontrollgruppen, deren Mitglieder täglich 500 Gramm Joghurt verzehrten, der mit jeweils verschiedenen pflanzlichen und tierischen Fetten versetzt war.

Die besten gesundheitlichen Auswirkungen auf das Essverhalten, den Blutzuckerspiegel und die Serotoninausschüttung zeigten dabei die Resultate der »Olivenölgruppe«!

Die Forscher identifizierten zwei Aromaverbindungen, die besonders reichlich im italienischen Olivenöl vorkommen und Hexanal beinhalten – ein Aldehyd, das im Geruch an frisch geschnittenes Gras erinnert und den grünen Blattduftstoffen zugeordnet wird.

Ruf aus der Biolumnen-Küche: »Ich suche hier verzweifelt … wo bitte hattest du das *Extra* Virgin hingestellt?«

Arzneimittel sind oft teuer, für Normalbürger in den Entwicklungsländern oft unerschwinglich. Eine

Indien und Big Business

Monatsration des Krebsmittels »Glivec« der Schweizer Firma Novartis kostet in Indien z. B. 1700 Euro.

Glivec wirkt gezielt gegen den seltenen Blutkrebs *Chronisch-Myeloische Leukämie* (CML). Es ist das erste molekular maßgeschneiderte Krebsmedikament und damit ein Lichtblick in der Krebsbekämpfung.

Wegen Veränderungen im indischen Patentrecht verlor Glivec sein Schutzrecht in dem südasiatischen Land, ein einheimisches »Nachahmer-Präparat«, ein sogenanntes Generikum, kam auf den Markt. Das Problem (für Novartis): Es kostet nur 140 Euro. Eine Klage des Schweizer Konzerns scheiterte jedoch vor dem Obersten Gerichtshof in Delhi.

Die Richter lehnten einen verlängerten Patentschutz ab. Es gäbe keine wirkliche Neuerung im Vergleich zum Vorgängerpräparat. Ein legaler Trick im Patentrecht ist nämlich, Nachfolgepatente anzumelden, die die Grundpatente variieren und sie damit um 20 Jahre verlängern.

Internationale Hilfsorganisationen begrüßen das Gerichtsurteil als einen Durchbruch, während die Pharmakonzerne natürlich verärgert sind. Haben sie doch jahrzehntelang Milliarden in Forschung und Entwicklung gepumpt; Kosten, die über einen geschützten Markt wieder hereingeholt werden sollen.

Hunderte Millionen von Menschen in Entwicklungsländern schließt das allerdings von medizinischer Versor-

gung mit neuen Mitteln aus. Fairerweise sei erwähnt, dass die meisten der mehr als 16 000 indischen CML-Patienten das Novartis-Mittel kostenlos erhalten. Die Glivec-Generika dagegen werden an über 300 000 Kranke verkauft. Sind jetzt die indischen Generika-Hersteller die neuen Profiteure?

Nur ein Bruchteil der immerhin 1,2 Milliarden Inder wird derzeit medizinisch auf dem westeuropäischen Niveau betreut. Doch in dem Schwellenland wächst mit der Wirtschaft auch der Mittelstand und damit die zahlungskräftige Kundschaft für moderne Medizin.

Wie sähe eine Lösung aus? In enger Kooperation mit den Generika-Herstellern der Schwellenländer könnte man z. B. die Preise so gestalten, dass die niedrigeren Gewinnmargen durch den deutlich höheren Absatz ausgeglichen werden.

Bill Gates beklagt, der schöne Kapitalismus habe einen hässlichen Makel: Zwei Milliarden US-Dollar, um die Glatzköpfigkeit der (reichen männlichen) Welt zu beseitigen, aber nur 547 Millionen gegen Malaria!

Wo bleibt da der Aufschrei?

Nur 10 Prozent der Forschungsmittel werden global für die Bekämpfung von Krankheiten ausgegeben, die 90 Prozent der Weltbevölkerung betreffen. Aber was erwartet der spendenfreudige Milliardär, wenn zunehmend die Superreichen den Kurs der Welt steuern?

Albert Schweitzer, dessen Urwaldhospital in Lambarene dieses Jahr sein 100-jähriges Gründungsjubiläum feiert, sagte treffend:

»Kraft macht keinen Lärm.
Sie ist da und wirkt.
Wahre Ethik fängt an,
wo der Gebrauch der
Worte aufhört.«

Janusköpfiges Cholesterin

18.05.13

Woran denkt man beim Wort Cholesterin zuerst – vermutlich an »schlechte« Blutfettwerte, Arterienverkalkung oder Herzinfarkt. Dabei tut man dem Cholesterin eigentlich unrecht, denn zunächst einmal ist es ein ganz normales und lebenswichtiges Fett.

Weshalb? Zum einen ist es in fast allen Membranen unserer Körperzellen enthalten. Auch das Fett der äußeren Hautschicht besteht zum großen Teil aus Cholesterin. Zum anderen wird es von verschiedenen Organen in weitere wichtige Verbindungen umgewandelt.

Viele davon sind Hormone wie Glukokortikoide, die allgemein als »Stresshormone« bekannt sind. Diese beeinflussen auch den Eiweiß-und Fettstoffwechsel.

Aldosteron wiederum reguliert den Wasser- und Elektrolythaushalt und beeinflusst letztlich unseren Blutdruck. Aus Cholesterin entstehen auch die männlichen und weiblichen Sexualhormone und schließlich auch Vitamin D, das als Hormon vor allem für unsere Knochengesundheit wichtig ist. Unsere Leber produziert daraus auch Gallensäuren, eine Art Tensid, das in den Darm abgegeben wird und dort essenziell für die Fettverdauung ist.

Da nun Cholesterin so enorm wichtig ist, verlässt sich unser Körper nicht auf die Nahrungszufuhr. Fast alle Zellen können es selbst produzieren. Vor allem aber sichert die Leber uns ab – sie sendet Cholesterin, mit Proteinen zu Lipoproteinen verpackt, als LDL (*low density lipoprotein*) zu den Organen und das nicht benötigte

Cholesterin kehrt als HDL (*high density lipoprotein*) zur Leber zurück.

Cholesterin ist für uns also absolut unentbehrlich. Das ist das freundliche Gesicht des Cholesterins. Und das andere, das bedrohliche?

Schauen wir es uns chemisch etwas näher an. Der Kern des Cholesterinmoleküls besteht aus vier Kohlenstoffringen. Diese Ringe bleiben – mit einer Ausnahme – bei der Synthese aller genannten Verbindungen und deren Ausscheidungsformen bestehen.

Der Grund besteht darin, dass unser Körper nicht in der Lage ist, solche stabilen Ringe mit körpereigener Energie zu spalten. Eine Ausnahme bildet das Vitamin D, bei dessen Synthese Cholesterin direkt durch Sonnenlichtenergie gespalten wird.

Unser Körper kann zwar die Cholesterinsynthese steuern, jedoch Cholesterin weder abbauen noch reguliert ausscheiden. Und darin besteht das Problem! Offensichtlich gab es in unserer Evolution schlichtweg keine Notwendigkeit, überschüssiges Cholesterin wieder loszuwerden. Aber wir können natürlich auch nicht beliebige Mengen Hormone daraus produzieren und es auch nur begrenzt speichern.

Was geschieht also, wenn – etwa durch zu reichliches Essen – das Cholesterin in unserem Organismus zu sehr ansteigt?

Alles, was zu viel ist, wird von der Leber im Blutkreislauf »geparkt«. Leider geht das nicht in der schützenden HDL-Form, sondern nur als »schlechtes« Cholesterin, als LDL. Dessen Konzentration steigt an und in der Folge drohen »Arterienverkalkung« oder Herzinfarkt – das Cholesterin zeigt sein hässliches Gesicht.

Fettsenker gegen Grippe

In China sind an der Vogelgrippe mit dem H7N9-Erreger nach offiziellen Angaben bisher zehn Menschen gestorben. Die Zahl der neuen Fälle geht zurück. Zum einen hat China aus der SARS-Pandemie 2002 gelernt und zum anderen scheint das Grippevirus keine Sommerhitze zu vertragen.

Im »*New England Journal of Medicine*« präsentieren Gao Rongbao und seine Kollegen vom Center for Disease Control and Prevention (Peking) und der Fudan University (Shanghai) Virus-Isolate aus drei verstorbenen Patienten.

Demnach ist der neue Virusstamm durch Verschmelzen von Genmaterial verschiedener Vogelgrippeviren entstanden. Und offenbar war es ganz ohne den Umweg über das Hausschwein direkt von Vögeln auf Menschen übergesprungen.

Das US-Center for Disease Control and Prevention in Atlanta sagt, die Gendaten von H7N9 sprächen dafür, dass das Virus für Vögel selbst wenig pathogen sei. Es bringt also seinen Wirt nicht um. Der Erreger könnte deshalb bisher nicht aufgefallen sein. Ob H7N9 pandemisches Potenzial aufweist, werden die nächsten Wochen zeigen.

Derweil arbeitet man weltweit bereits mit Hochdruck an einem Impfstoff. Statt auf Virusproben aus China zu warten, haben US-Forscher mit Mitteln der synthetischen Biologie ein Labor-Virus hergestellt. Als Bauanleitung diente ihnen der genetische Code von H7N9 aus dem

Internet! Der US-Amerikaner David Fedson hat nun eine auf den ersten Blick abwegige Idee: Statine zur Prophylaxe und Therapie der Vogelgrippe! Statine sind millionenfach verschriebene Cholesterinsenker. In den USA werden sie schon fast wie Aspirin als »pharmakologische

Alleskönner« gehandelt, als Mittel gegen rheumatoide Arthritis, gegen Hepatitis C und gegen Lungenentzündung.

Die letzten Experimente haben gezeigt, dass Statine außer zum beabsichtigten Senken der Blutfettwerte auch entzündungshemmend wirken. Entzündungsbotenstoffe (Cytokine) werden so günstig beeinflusst.

Eine Publikation in »*Nature Medicine*« zeigt, dass einige der mittlerweile mehr als 150 Todesopfer des asiatischen H5N1-Virus offenbar an einem »Cytokin-Sturm« verstarben, einer gefährlichen Eskalation des Immunsystems, wie auch bei der Grippe-Pandemie von 1918.

»Für 50 Cent könnten wir einen Menschen fünf Tage lang mit Statinen versorgen«, sagt Fedson. Man könnte sie sogar gleich nach Ausbruch einer Pandemie zur Prophylaxe nutzen.

Aber langsam! Das Ganze ist noch reine Theorie; entsprechende Experimente wurden offenbar bisher nicht einmal angedacht.

Mein Kollege Chan meint: »Reinhard, ich wette, dass Sie das längst wissen! Wenn die Statine funktionieren, bleiben Milliarden-Profite aus Tamiflu und anderen Wundermitteln aus.«

Was den Biolumnisten RR betrifft, so schluckt er täglich Statine zur Cholesterolsenkung. Nach der (wöchentlichen) Peking-Ente reduziert er damit sein Herz- und Alzheimer-Risiko und nun auch noch das Virus-Risiko.

Transgene Kastanien?

22.06.13

Einst konnte ein amerikanisches Eichhörnchen die ganze Strecke von Maine (Neuengland) nach Florida von Kastanie zu Kastanie hüpfen.

Nordamerika hatte vor 150 Jahren vier Milliarden Amerikanische Kastanien (*Castanea dentata*), manche bis zu 30 Meter hoch und drei Meter dick! Diese Bäume haben nichts zu tun mit der bei uns verbreiteten Rosskastanie, sondern sind mit der Esskastanie (Maroni) verwandt.

Die Pracht fand nach 1904 ein unerwartetes Ende: Experimentierfreudige Gärtner hatten aus Ostasien eine verwandte Art in den New Yorker Botanischen Garten gebracht. Und mit den Bäumen auch einen parasitären Pilz *Cryphonectria parasitica* (Kastanienrindenkrebs) eingeschleppt. Der verbreitete sich von New York aus über die ganzen USA.

Im Gegensatz zu ihren asiatischen Vettern, die sich im Lauf der Evolution an »ihre« Schlauchpilze angepasst hatten, starben die Amerikanischen Kastanien.

Heute existieren nur noch vereinzelte erwachsene Exemplare. Sobald die Schösslinge ein bestimmtes Alter erreicht haben, werden sie vom Pilz heimgesucht.

William Powell von der State University of New York in Syracuse will diese Edelkastanie retten. Sie lieferte früher regelmäßig große Mengen an Früchten für Tiere und Menschen, die deren Geschmack schätzten. Und auch heute noch findet man Blockhäuser aus beständigem Kastanienholz in den Appalachen. Zusammen mit seinem

Kollegen Charles Maynard will Powell der Amerikanischen Kastanie wieder auf die Beine bzw. Wurzeln helfen. Der Weg dahin führt offenbar nur über die Schaffung eines resistenten Baums. Andere Methoden der Pilzbekämpfung waren gescheitert.

Die Idee: Ein wesentliches Stoffwechselprodukt des Pilzes ist Oxalsäure, die die Wachstumsschicht (Kambium) des Baums angreift. Der Rindenkrebs unterbricht damit den Transport von Wasser und Nährstoffen zu den Blättern. Der Baum kann keine Photosynthese mehr ausführen und stirbt ab.

Powells Lösungsansatz sind transgene Bäume. Er fügte dem Kastanien-Genom (immerhin 45 000 Gene) drei bis fünf neue Gene hinzu. Sie sollen die Resistenz gegen die verheerenden Pilze erhöhen. Für die Übertragung setzt Maynard auf das Bodenbakterium *Agrobacterium tumefaciens*, das aktiv DNA in pflanzliche Zellen bringt. Die zusätzlichen Gene stammen aus chinesischen Kastanien, Weizen oder wurden eigens synthetisiert.

Seit 22 Jahren arbeitet man bereits an dem Thema. Um ein Resistenzgen in die zelluläre DNA zu schleusen, braucht man zwei Jahre. Danach muss der Baum vier Jahre wachsen, bevor man sieht, ob er widerstandsfähig genug ist. Der bisher aussichtsreichste Kandidat ist ein Gen aus Weizen für das Enzym Oxalat-Oxidase, das die Oxalsäure unschädlich macht.

Mit einer breiten öffentlichen Unterstützung sollen nun die resistenten Amerikanischen Kastanien zuerst dorthin zurückgebracht werden, wo ihr Niedergang einst begann:

Die ersten zehn transgenen Bäume werden im New Yorker Botanical Garden gepflanzt – an dem Ort, an dem 1904 die Plage erstmals bemerkt wurde.
»*Back to the roots!*«

Nimm ein Ei mehr!

... empfahl die Werbung in den 60er Jahren. Da wusste man noch nichts von der gesundheitsgefährdenden Wirkung eines zu hohen Cholesterinspiegels im Blut. Stattdessen lobte man das wertvolle Protein und das Eisen im Ei.

Doch dann kam die große »Framingham«-Studie aus den USA, die das Wort Risikofaktor in unseren Wortschatz brachte und uns lehrte, hohe Cholesterinspiegel im Blut zu fürchten. Der, so hatte sich gezeigt, war neben Bluthochdruck, Rauchen oder Übergewicht einer der wichtigsten Risikofaktoren für Arterienverkalkung oder Herzinfarkt.

Eier, das wusste man schon, enthalten pro Stück gut 200 Milligramm Cholesterin – etwa dreimal so viel wie ein Schnitzel! Es schien logisch: Cholesterinreiche Nahrung musste die Quelle von vermehrtem Cholesterin in unserem Blute sein – und besonders bedrohlich erschien das Ei!

Nun, die Werbung verschwand klammheimlich und von vielen Frühstückstischen auch das Ei. War das der Stein der Weisen? Mitnichten, wie wir heute wissen. Mit der Nahrung zugeführtes Cholesterin steigert dessen Gehalt im Blut kaum, denn eine hohe Zufuhr verringert die Aufnahme im Darm und drosselt zusätzlich die eigene Synthese im Körper.

Welche Nahrungsbestandteile sind es dann, die unseren Cholesterinspiegel hochtreiben? Besonders gefährdend erscheinen gesättigte und sogenannte trans-

Fettsäuren. Worin sind sie enthalten? Viele gesättigte Fettsäuren finden sich in Nahrungsmitteln tierischer Herkunft, etwa in Wurstwaren und fettem Fleisch, in
Süßigkeiten (die eher »Fettigkeiten« zu nennen wären),
aber auch in festen pflanzlichen Fetten wie Kokos- oder

Palmfett. trans-Fettsäuren wiederum finden sich überall dort, wo das Kleingedruckte auf der Verpackung scheinbar harmlos »partiell gehärtete Fette« ausweist, so in vielen Margarinen. Sie entstehen aber auch beim Braten mit pflanzlichen Ölen in der Pfanne.

Die cholesterinsteigernde Wirkung dieser Fette ist sogar zweifach! Sie induzieren eine vermehrte Bildung der Enzyme, die für die Cholesterinsynthese notwendig sind, und außerdem liefern sie das Synthesesubstrat. Damit ist der bei Männern und Frauen zu beobachtende altersabhängige Anstieg der Cholesterinwerte zum großen Teil ernährungsbedingt.

Die wichtigste Schlussfolgerung: Wir können diesen Anstieg bereits durch Reduzierung der gesättigten und Trans-Fettsäuren in unserer Nahrung bremsen!

Durchschnittlich sind etwa 70 Gramm Fett pro Tag erlaubt und wünschenswert. Davon sollte nur ein Drittel gesättigte Fettsäuren enthalten.

Und wie sieht es nun in dieser Hinsicht mit dem Ei aus? Durchaus gut! Ein Ei hat zwar nicht wenig Fett, sechs Gramm sind es etwa, aber tatsächlich sind nur ein Drittel davon gesättigte Fettsäuren. Das entspricht etwa zehn Prozent der maximal empfohlenen täglichen Menge und ist für jeden Gesunden tolerierbar.

Also, vielleicht nicht »ein Ei mehr« – aber EIN tägliches Frühstücksei ist zumeist gewiss in Ordnung.

Wer kennt Framingham?

20.07.13

Auf der Route 9 von Boston aus westwärts: zersiedeltes Land, gesichtslose Orte, deren Namen man schon im Vorbeifahren wieder vergisst. Irgendwann Framingham.

Plötzlich der Gedanke: Framingham!? Etwa das Framingham? Tatsächlich ist das der Ort, in dem 1948 die »Mutter aller Langzeituntersuchungen« in der Medizin, die Framingham-Studie, begonnen wurde.

Etwa 5000 Einwohner des Städtchens wurden zunächst mühsam überzeugt teilzunehmen. Im Auftrag des US Public Health Service sollte die Studie den Ursachen der seit den 1930er Jahren stetig ansteigenden Zahl tödlicher Herzerkrankungen auf die Spur kommen. Heute, 68 Jahre seit Studienbeginn, ist die ganze Stadt stolz darauf, bereits in dritter Generation in diese medizinische Großtat einbezogen zu sein.

»Framingham« ist eine epidemiologische Studie. Ihr Ziel: Faktoren erkennen, die Gesundheit und Erkrankungswahrscheinlichkeit der Bevölkerung beeinflussen können. Das ist anders als bei klinischen Untersuchungen, die auf bereits erforschten, kausalen Zusammenhängen fußen und untersuchen, wie wirksam und sicher eine Therapie ist.

Noch in der Mitte des letzten Jahrhunderts glaubte man, Arterienverkalkung sei eine unvermeidliche Alterserscheinung und Bluthochdruck sei eine positiv zu bewertende Anpassung. In dieser Hinsicht haben die Framingham-Studie und die ihr folgenden Arbeiten die

Prävention und Therapie von Herz-Kreislauf-Erkrankungen revolutioniert. Sie erst ermöglichten es, eine Vielzahl von Risikofaktoren zu erkennen.

Dazu gehören erhöhter Blutdruck und hohes Cholesterin, Rauchen, Übergewicht, Bewegungsmangel und

Diabetes mellitus. Viele dieser Faktoren sind durch Änderungen des Lebensstils oder entsprechende Behandlung beeinflussbar. Senkung des Blutdrucks oder des Cholesterinspiegels, aber auch die Einstellung des Blutzuckerspiegels gehören heute zur normalen medizinischen Praxis.

Angesichts des überwältigenden Nutzens hat sich allerdings auch eine unkritische Haltung verbreitet, eine »Studiengläubigkeit«.

Häufig werden die Möglichkeiten eines epidemiologischen Vergleichs gewaltig überschätzt. Der zeigt zunächst nämlich nur, dass ein untersuchter Faktor, zum Beispiel eine Ernährungsgewohnheit, mit dem Auftreten einer Krankheit zusammenhängen könnte, aber beweist keine ursächlichen Zusammenhänge. Es ist sogar möglich, dass sich die Aussagen unterschiedlicher Studien widersprechen, obwohl sie korrekt durchgeführt wurden.

Somit ist das Resultat einer epidemiologischen Studie gleichzeitig Ausgangspunkt weiterer wissenschaftlicher Forschung – nicht mehr, aber auch nicht weniger.

Eines der nächsten Ziele des Framingham-Teams ist es nun, die Vererbung von Risikofaktoren für Herzerkrankungen zu untersuchen. Dazu wird die DNA langjährig eingefrorener Proben analysiert.

So ist ein winziger amerikanischer Provinzort für immer in die Medizin-Geschichte eingegangen.

Bakterien-Erbgut als Krebsquelle?

Viren schleusen ihre Erbinformation in unsere Zellen, so wie ein gemeines Computervirus sein Programm in unseren ahnungslosen PC. Ihr Erbgut übernimmt das Kommando über die Zellmaschinerie und veranlasst diese, Tausende von Viruskopien zu produzieren. Das bedeutet meist den Untergang der infizierten Zellen. Doch auch Zellen, die überleben, tragen oft die Virus-DNA in sich und geben sie an ihre Nachkommen weiter – nun aber als »schlafende Hunde«, die man tunlichst nicht wecken sollte.

So ist offenbar die sogenannte *Junk*-DNA entstanden; »Müll-DNA«, die für die Zelle zur Eiweißproduktion nutzlos ist. Tatsächlich nutzlos? Nun ja, wir wissen meist (noch) nicht, welchen Zweck sie hat. Eigentlich leistet sich die Natur nie ohne Sinn so einen Unfug wie die kapitalistische Überproduktion.

Können noch andere Lebewesen ihre Gene auf uns Menschen übertragen? Durch die modernen Genomprojekte ist es erstmals möglich, das Erbmaterial aller bisher DNA-analysierter Lebewesen zu vergleichen.

Erstes spektakuläres Ergebnis: Von unseren DNA-Basenpaaren unterscheiden sich nur 1,5 Prozent (!) von denen eines Schimpansen. Eigentlich ein Grund, Affen »menschlicher« zu behandeln und sie zu schützen!

Stecken auch Teile anderer Lebewesen in uns? Tatsächlich, wir tragen nicht nur Virus-Erbgut mit uns herum! In der Online-Fachzeitschrift »*PLoS Computational Biology*« (DOI: 10.1371/journal.pcbi.1003107)

03.08.13

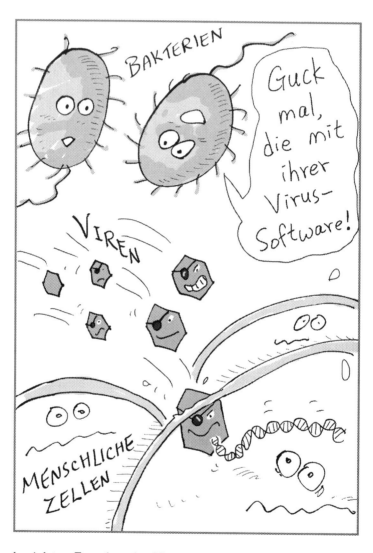

berichten Forscher der University of Maryland, dass sie in etwa einem Drittel der Genome von gesunden Menschen Bakterien-DNA fanden, in Krebszellen aber einen sehr viel größeren Anteil.

Hoppla! Auch Bakterien können uns also ihre DNA einbauen, man nennt dies »lateralen Gentransfer« (LTG). Bisher war nur bekannt, dass sie das untereinander tun (vergleichbar dem Sex und seinen Folgen).

Kann LTG vielleicht die Entstehung von Krebs auslösen? Oder sind Krebszellen einfach anfälliger für Gen-Attacken von Bakterien?

Als man die DNA von Krebspatienten untersuchte, fand man bei ihnen vieltausendfach mehr Fälle von LTG als bei Normalpatienten. Die DNA von Patienten mit dem seltenen Blutkrebs Akute Myeloische Leukämie (AML) war besonders hoch mit Bakterien-DNA belastet. Sie enthielt insbesondere Bakterien-DNA der Gattung *Acinetobacter*.

Magenkrebszellen z. B. hatten dagegen besonders viel DNA von *Pseudomonas*-Bakterien integriert.

Für eine Art Lackmustest schleust man nun Bakterien-DNA in menschliche DNA-Proben. Entarten diese dann krebsartig? Wenn ja, könnten vielleicht künftig mit Antibiotika die bakteriellen Krebsauslöser bekämpft werden.

Auch Magengeschwüre (*Helicobacter pylori*) haben ihre Ursachen in Bakterien und bei Arteriosklerose wird ein Zusammenhang vermutet. Der Steckbrief wird immer länger!

Infarkt ausgeschlossen!

Gerade bin ich (RR) auf Heimaturlaub in Merseburg, im – vergleichsweise zu Hongkong (36 Grad Celsius, 99,9 Prozent Luftfeuchtigkeit) – kühlen Deutschland. Hier werde ich von meinen Freunden mit herrlichem Essen, Grillpartys und Bier regelrecht gemästet.

17.08.13

Doch nach einem solchen Essgelage mit frischen Pfifferlingen bekomme ich nachts plötzlich schneidende periodische Bauchschmerzen. War es einfach zu viel und zu fett? Oder war gar ein Giftpilz unter den Pfifferlingen?

Doch solche Schmerzen könnten eventuell auch von einem Infarkt stammen. Und da bin ich (wie Biolumne-Leser wissen) mein eigener Fachmann: Also nehme ich den »schnellsten Herzinfarkttest der Welt«, den wir in Hongkong und Berlin-Buch produzieren. Ich gebe drei Tropfen Blut aus dem kleinen Finger in den Trichter des Schnelltests. Nach fünf Minuten kommt die klare Entwarnung. Grün im Fenster zeigt: kein akuter Herzinfarkt! Sehr beruhigend. Läge ein Infarkt vor, wäre Rot im Fenster zu sehen, wie bei einer Verkehrsampel: Bei Rot bleibe steh'n, bei Grün kannst du geh'n.

Die Idee zum neuen Test verdanke ich übrigens auch meiner Heimatstadt Merseburg: Letztes Jahr im Dezember, Deutschland war völlig vereist, musste ich den Rückflug nach Hongkong verschieben. Meine gute Mama war sehr froh darüber. Eines Tages lief ich bibbernd vor Kälte zur Post. Die Verkehrsampel auf der Hauptstraße funktionierte tadellos, trotz des grimmigen Frosts. Gefühlte Stunden lang war kein Auto zu sehen, die Ampel jedoch

tat getreu ihren Dienst. Auch das ist eben Deutschland: Dienst ist Dienst!

Bedenkenlos überquerte ich die König-Heinrich-Straße. Auf der anderen Straßenseite allerdings lauerte, halb versteckt hinter einer Litfass-Säule und trotz Kälte zufrieden grinsend, ein Polizist: »*Bürcher, Sie haben so-epent bei Rood die Straße übergwärd. Das machd zwanzch Euro Bußgeld!*« Mein Protest war nur kurz, es war eisig und ich wollte weiter. Ziemlich wütend ging ich meines Wegs.

Wut kann aber auch produktiv sein. Mir kam nämlich eine Erleuchtung: Wir haben 600 000 Fälle von unklaren Brustschmerzen in Deutschland jährlich. Aber dabei nur 40 000 Infarkte. 560 000 Menschen mit unklaren Brustschmerzen haben also k e i n e n Infarkt.

Sie brauchen dazu eine schnelle und zuverlässige Entwarnung: Drei Tropfen Blut auf die Testkarte geben und fünf Minuten warten.

Meine Blitz-Idee: Wie bei einer Ampel: Grün – Entwarnung; Rot – Warnung. Bei derzeitigen Tests erscheint noch ein roter Strich zur Entwarnung, zwei bedeuten Infarkt. Die neue Ampel funktioniert und das Patent ist bereits angemeldet.

Das gleiche patentierte »Immuno-Ampel-Prinzip« eignet sich für Virustests. Hier will man im Falle einer Pandemie vor allem wissen, wer ganz sicher nicht infiziert ist. Getestet wird also der Ausschluss von Infarkten oder Viren. Ein Ausschluss-Nachweis (!) ist eine völlig neue Idee in der Bioanalytik. Ein totales Umdenken!

Ruhm und Ehre der braven Merseburger Polizei, dem Freund und Helfer der Wissenschaft!

Kau dich schlank?

»Kaugummi mit Carnitin, kau dich schlank!« – lockte unlängst eine Werbung in der Apotheke.

Fein, dachte ich, so einfach ist das also. Doch was ist eigentlich Carnitin? »*Carne*« heißt auf Latein Fleisch. Carnitin ist ein kleines organisches Molekül, das in unseren Zellen Fettsäuren bindet und sie in die »Zell-Kraftwerke«, die Mitochondrien, transportiert. Nur dort befinden sich die Enzyme, die Fettsäuren abbauen und dadurch Energie gewinnen können.

Der Transport von Fettsäuren in die Mitochondrien ist streng reguliert. Carnitin sitzt dabei an entscheidender Stelle. Es wirkt wie ein Ventil, das durch Öffnen und Schließen die Fettsäurenutzung begrenzen kann.

Also stimmt die Werbung? Leider erzählt sie nur die halbe Wahrheit. Die ganze ist, dass nur der geringste Teil unserer Fettsäuren darauf »wartet«, in ein Mitochondrium transportiert zu werden. Das ist nur in Organen wie Muskeln oder Leber der Fall. Im Fettgewebe jedoch, dort, wo der weitaus größte Teil lagert, gibt es gar keine Mitochondrien.

So müssen beim erhofften Abbau unserer Fettpolster die Fettsäuren erst mobilisiert und dann im Blut zu anderen Organen transportiert werden – und das geschieht ganz ohne Carnitin!

Es bedarf der Kalorienreduzierung (»Friss die Hälfte«) und/oder intensiver körperlicher Aktivität – Kaugummi kauen dürfte gewiss nicht reichen. Zurück zum Carnitin. Es ist in Muskeln oder Innereien ein wichtiger Stoff.

Das gilt natürlich auch für Tiere und so enthält auch unsere fleischliche Nahrung Carnitin. Das nutzt uns jedoch wenig, denn Gesunde können es in ausreichender Menge selbst produzieren. Und lange glaubte man, es schade uns auch nicht, denn überschüssiges Carnitin wird wieder ausgeschieden.

Einige Bodybuilder schwören darauf, riesige Mengen Carnitin zu sich zu nehmen.

Doch neue Untersuchungen zeigen etwas anderes. Carnitin wird im Darm von dort lebenden Bakterien umgewandelt. In der Leber wird schließlich Trimethylamin-N-oxid gebildet. Das ist eine sehr reaktive Verbindung, die Gefäße schädigen und Arteriosklerose begünstigen kann.

Ha, denkt man sofort, jetzt ist es sicher: Fleisch ist gesundheitsschädlich, und wir wissen nun auch warum!

Doch langsam. Werfen wir erst einen genaueren Blick auf das verdächtigte Fleisch – das »rote« soll es sein, genauer, das verarbeitete »rote« Fleisch, also Schinken oder Wurst, weniger Suppenfleisch oder Steak. Und schon schwindet die Gewissheit, denn verarbeitetes Fleisch enthält weniger Carnitin als frisches. Auch korreliert der Carnitingehalt nicht immer mit »rotem« oder »weißem« Fleisch.

Vor allem: Carnitin ist durchaus nicht die einzige Quelle für die Bildung von Trimethylamin-N-oxid. Beim Verzehr von »gesundem« Fisch oder Pilzen, die wenig Carnitin enthalten, entsteht es auch in großer Menge. Die Suche nach dem potenziell gefährdenden Stoff im »roten« Fleisch scheint also noch nicht beendet.

Carnitin-Kaugummi, gekaut in Hoffnung auf Schlankheit? Man muss schon fest daran glauben …

Die Dinos kommen

Wenn Professor Flimmrich auf wiederholten Wunsch der Zuschauer die »Reise in die Urzeit« des genialen Tschechen Karel Zeman über die Bildschirme flimmern ließ, saß die Jugend in der DDR (und ein Teil der Westdeutschen) einträchtig vorm Fernseher. So etwas wie den Film von 1955 aus dem Studio Barrandov gab's nur im Osten!

14.09.13

Gerade haben wir die US-Fassung auf *YouTube* gefunden. Herrlich! Zemans Prager Kollege Zdenek Burian illustrierte mit Dinos das Buch »Weltall Erde Mensch«, bis 1974 die opulente atheistische Bibel für Jugendweihlinge. Seitdem hatte ich die Dinosaurier als plumpe, unbehaarte, graue, aber eigentlich friedliche Riesenechsen im Kopf.

Steven Spielbergs Film »*Jurassic Park*« nach dem Roman von Michael Crichton zeigte sie 1993 dann »echt amerikanisch«: blutgierig, smart, superflink, aber eben auch militärisch grünbraun-grau. Neuerdings, zum 20-jährigen Film-Jubiläum, gibt's die bissigen Urzeitmonster sogar in 3D zu sehen.

Das wissenschaftliche Bild der Urtiere allerdings hat sich seit 1955 erheblich gewandelt. Unsere Dinos sollen ganz anders ausgesehen haben! Viele waren offenbar ganz farbenfrohe Federtiere. Das kam vor zehn Jahren als *News* aus China. Seitdem sind Theropoden mit Federn in Deutschland, Kanada und China gefunden worden. Bleibt die Frage, ob man wie in Spielbergs Film Dinos neu erschaffen kann?

Als »*Jurassic Park*« die Kinos füllte, erklärte der Paläontologe Jack Horner: »*No problem! Yes, we can!*«

Die DNA von Dinoblut saugenden, danach in Bernstein eingeschlossenen Mücken würde extrahiert, die unvollständige DNA durch Frosch-DNA ergänzt werden.

Doch die Dinos sind schon vor 65 Millionen Jahren ausgestorben. Ihre DNA ist also absolut kaputt. Und wer sollte dann die Dino-Leihmutter sein?

Aber immerhin, bei einem jüngeren Fossil versucht man gerade, es neu zu erschaffen: Wollhaarmammuts. Die starben erst vor 10 000 Jahren aus. Das Erbgut aus Mammut-Zellkernen, gefunden im sibirischen Permafrost, will ein japanisch-russisches Team in Elefanten-Eizellen injizieren. Eine Elefanten-Leihmutter soll dann das Mammut-Baby austragen.

Beim Elefanten erwartet unser schottischer Freund, Shaw-Preisträger Ian Wilmut, dass Hunderte von Eizellen implantiert werden, so wie er das erfolgreich vor der Geburt des Schafs Dolly gemacht hat. Aber will/darf man das wirklich?

Scott Elias von der Universität London hält das für ethisch unverantwortlich. »Das Ökosystem dafür gibt es nicht mehr. Die Mammuts müssten im Zoo leben mit synthetischer Nahrung«, erläutert er. Fortschrittsbegeisterte Japaner dagegen wollen die Mammuts einfach auf einer Insel im Norden Japans ansiedeln.

Eine bessere Idee als die Suche nach prähistorischer DNA wäre womöglich, nach seit Millionen Jahren schlummernden Genen in heutigen Vögeln zu suchen und diese zu wecken. Die Pieper stammen ja direkt von Therapoden ab! Hühner mit Zähnen konnte man so bereits erzeugen.

Mal sehen, was Gentechniker und Paläontologen noch aushecken. Ob die Hühner dann noch was zu lachen haben?

Gene mit Geschmack

»Sieht toll aus, schmeckt aber intensiv nach ... naja ... nichts!« Eine neue Studie zeigt: Durch Jahrzehnte intensiver Züchtung wurden die Tomaten jener Gene beraubt, die den Zuckergehalt steigern. Und das zugunsten einer einheitlichen prächtigen Farbe.

28.09.13

Diese Erkenntnis sei immerhin ein Fortschritt, um die Entwicklung und Reifung von Tomaten zu verstehen, meint Alisdair Fernie. Er erforscht die chemische Zusammensetzung von Tomaten am Max-Planck-Institut für molekulare Pflanzenphysiologie in Potsdam.

Farmarbeiter pflücken die Früchte, bevor sie reif sind. Seit etwa 70 Jahren haben die Züchter Tomaten mit einheitlichem Hellgrün selektiert. Dies ist einfach und garantiert zudem, Tomaten in den Supermarktregalen nach einer gewissen Zeit in leuchtend roter Farbe zu sehen. Wildformen dagegen sind dunkelgrün, und das macht es schwieriger, den richtigen Erntezeitpunkt zu bestimmen, sagt Ann Powell, Agrarwissenschaftlerin an der University of California in Davis.

Um das Gen, das hinter dem Farbwechsel steckt, zu finden, kreuzten Powell und ihre Kollegen kultivierte Tomatensorten mit wilden Arten. Durch die Auswahl der Pflanzen mit dunkelgrüner Reifephase und durch Zurückkreuzen der kultivierten Sorten grenzten sie den Abschnitt auf Tomaten-Chromosom 10 ein.

Mit Hilfe der kürzlich entzifferten Tomaten-Genom-Sequenz identifizierten sie dann das Gen als *SlGLK2* – einen sogenannten Transkriptionsfaktor. Der steuert,

(c) RenMing
www.biolumne.de

wann und wo andere Gene ein- oder ausgeschaltet werden. In wilden Tomaten steigert *SlGLK2* die Bildung von Chloroplasten für die Photosynthese. Eine höhere Anzahl von Chloroplasten gibt aber Wildtomaten ein dunkleres Grün.

In den meisten Tomaten im Supermarkt ist *SlGLK2* jedoch inaktiv, weil dort, wo die Base Adenin nur sechsmal stehen sollte, sieben sind.

»Wir haben etwa ein Dutzend Sorten untersucht, eine aus Asien, einige aus Europa und alle hatten die gleiche Mutation«, berichtet Powell. Die Forscher wissen allerdings nicht genau, woher die Mutation ursprünglich stammt.

Während die Mutation dem Auge reichlich Farbe bietet, bleibt das Aroma für den Genießer auf der Strecke. Tomaten mit einem mutierten Gen *SlGLK2* haben nicht nur weniger Chloroplasten. Sie sind »kraftloser«, weil sie dadurch auch weniger Zucker produzieren.

Durch Einsetzen einer intakten Genkopie in die Tomaten steigerten die Wissenschaftler die Menge an Glucose und Fructose in reifen Früchten um bis zu 40 Prozent, so die Autoren im Fachjournal »*Science*« (Bd. 336, S. 1711).

Am Institute for Plant Innovation der Universität Florida forscht Harry Klee an den immerhin 400 Geschmackssubstanzen der Tomate.

In vier bis fünf Jahren soll die Supertomate durch traditionelle Zucht da sein.

Klar ist jetzt schon: Die Königin des Geschmacks wird wohl nicht auch Schönheitskönigin sein. Das Leben ist eben ein Kompromiss.

(Öl-)Kaiser von China

12.10.13

»Willst Du mal den Fleck in Hongkong mit der größten Kapitaldichte von ganz Asien sehen?«, fragte mich mein chinesischer Freund Paul neulich. »Klar! Das muss ein Banktresor sein ...«

Doch Paul führte mich in seiner Firma zu zehn Kühlschränken. Plötzlich war ich auf menschliche Organe zur Transplantation aus China gefasst. Horror! Doch Paul Kaan ist Buddhist, Vegetarier und ein Philanthrop – eine seltene Ausnahme unter den Geldhaien in Hongkong. Die Kühlschränke enthielten vermoderte Baumscheiben, manche riesig. Sie hatten keine Jahresringe, also war es Tropenholz, und sie waren im Innern ölig-schwarz.

»Hongkongs Name *Duftender Hafen* kommt nicht etwa von unserem stinkenden Naturhafen und auch nicht vom Geruch des Geldes, nein: vom köstlichen Duft brennender Öle in den Tempeln der Stadt«, erklärt Paul. »Agarwood-Öl ist dabei das beste, wohlriechendste und deshalb wohl auch das teuerste Öl der Welt ... und hier kommt es her!«

Agarwood wird das harte Holz der oft hundertjährigen Bäume der tropischen Gattung *Aquilaria* genannt. Nach einer Pilz-Infektion sieht das Agar-Holz schwarzverfault und ölig aus. Und genau das ist der eigentliche Schatz! Die Bäume findet (oder besser fand) man in den Regenwäldern Südostasiens: in Indonesien, Thailand, Vietnam und Malaysia.

Der mikroskopische Pilz *Phaeoacremonium parasiticum* befällt diese Bäume und produziert offenbar nur in

(c) RenMing
www.biolumne.de

alten Bäumen Spitzenqualität des Parfümrohstoffs. *Aqui-laria*-Bäume versuchen die Pilz-Infektion zurückzudrän-gen.

Sie bilden dazu ein dunkles Harz, das Hunderte kom-plizierter chemischer Verbindungen enthält. Ein Wunder

der Bio-Synthese! Der Pilz bringt die Bäume nicht um. Das besorgen erst gierige Menschen, die die Urwaldriesen gnadenlos abholzen.

Die flüchtigen Verbindungen aus dem Harz wurden in Asien seit hundert Jahren als Öl abdestilliert. Zwar gibt es auch andere kommerziell sehr interessante duftende Öle, die von Bäumen produziert werden: Sandelholz, Rosenholz, Zederholz, Kampfer.

Doch ist kein Öl so wertvoll wie Agarwood-Öl. Der Grund: Es gibt kaum noch alte Bäume.

Mein Freund Paul hat das weise vorausgesehen. Vor zehn Jahren kaufte er alle noch verfügbaren pilzbefallenen Agarwood-Reserven Asiens auf. Paul bittet mich um eine Schätzung seiner Reichtümer, und ich liege total falsch. »Ich habe, nun ja, das Weltmonopol für diese besondere Qualität«, meinte er vielsagend lächelnd.

Nun will Paul Kaan Geld in die biotechnologische Forschung investieren: Wie wird das komplizierte Öl vom Baum synthetisiert? Warum am besten von uralten Bäumen? Wie wechselwirkt der Pilz mit den Pflanzenzellen? Kann man auch andere Pflanzen oder pilzinfizierte Zellkulturen zur Produktion des duftenden Öls nutzen?

Der Preis für biotechnologisch hergestelltes Agarwood-Öl würde dann zwar drastisch fallen, aber medizinische Anwendungen wären erschwinglich und vor allem: Ein sanfter Wohlgeruch würde dann vielleicht wieder über Hongkong liegen.

Kein Happen ohne Gift

Jede Kost nährt nicht nur, sie ist auch Quelle natürlicher Schadstoffe. Dabei waren für unsere Urahnen gesättigte Fette oder Cholesterin im Fleisch noch kein Problem. Die machte erst das Übermaß schädlich!

Pflanzen und Pilze weisen eine weit größere Vielfalt chemischer Synthesen auf als Tiere. Von den etwa hunderttausend bisher bekannten sekundären Pflanzenstoffen sind vielleicht ein Zehntel nahrungsrelevant.

Viele davon, wie Vitamine, sind unverzichtbar für uns. Aber nicht alles Pflanzliche ist auch gesund! Im Gegenteil, viele natürliche Pflanzenstoffe sind giftig. Meist werden diese Stoffe als Schutz gegen Fressfeinde gebildet, sei es Tier oder Mensch.

Einige überlisten wir durch Schälen oder Kochen, andere durch Züchtung giftärmerer Sorten. Doch mit Paprika, Tomaten, Kartoffeln, Soja, Zimt, Spinat, Kräutern & Co. nehmen wir stets auch natürliche Schadstoffe auf. Wir haben uns evolutionär darauf eingestellt, mit diesen Giften zu leben.

Einen wichtigen Schutz bietet der Darm. Viele Schadstoffe werden, kaum durch eine Darmzelle resorbiert, wieder hinaus transportiert.

Die wichtigste Entgiftungsarbeit aber leistet die Leber. Sie kann nicht nur im Körper gebildete schädliche Stoffe, sondern auch körperfremde und sogar künstliche Schadstoffe entgiften. Sie erkennt viele Gifte schon daran, dass sie schlecht löslich sind und wandelt sie enzymatisch in löslichere um. So können sie ausgeschieden werden.

26.10.13

Einige, wie Dioxin, werden sehr langsam entgiftet, andere, wie Schwermetalle, kann die Leber gar nicht entsorgen. Und manche Verbindungen, wie Aflatoxine aus Schimmelpilzen, werden in der Leber überhaupt erst giftig und krebsauslösend! Da schützt nur, Verschimmeltes wegzuwerfen!

Es ist ein Gleichgewicht, in dem wir ernährungsmäßig mit unserer Umwelt leben – doch ein ziemlich fragiles.

Ökologischer Anbau minimiert zwar Rückstände von Pestiziden und künstlichem Dünger. Doch er kann nichts am Gehalt natürlicher Schadstoffe ändern, auch nichts an dem industrieller Umweltgifte, die mit dem Wind oder dem Regen kommen. Und er reduziert den Ernteertrag.

Da geht es nicht nur um Profit! Weltweiter ökologischer Anbau hätte noch mehr Hunger und Hungertote zur Folge; er kann deshalb keine generelle Lösung sein. Außerdem steigt ohne Konservierung auch die Schimmelgefahr – nicht erst in unserer Speisekammer.

Wenn es jedoch zum Schaden von Mensch und Tier nur um Profit geht wie beim Antibiotikamissbrauch in der Tiermast oder bei industriell verursachten Umweltgiften, muss konsequenter als bisher Einhalt geboten werden!

Doch gewöhnlich können wir uns auf unsere Leber verlassen. Wir müssen durchaus nicht bei jedem in Spuren in Lebensmitteln vermeldeten Schadstoff in Panik verfallen.

Es lohnt sich wirklich, Abwechslung in unsere Kost zu bringen – denn der Wechsel hält die Belastung durch ein Gift klein und optimiert die Zufuhr der benötigten Stoffe.

Gutes Verdauen!

Zimt fürs Hirn?

12.10.13

Die DDR-Schulspeisung ... Einmal in der Woche gab es Milchreis oder Griesbrei mit Zimt und Zucker! War das schlecht? Im Gegenteil: Gut, des Zimts wegen!

Roshni George und Donald Graves von der University of California in Santa Barbara haben die Wechselwirkung von Inhaltsstoffen des Zimts mit dem τ-Protein bei der Entstehung der Alzheimerkrankheit genauer untersucht. Die Ergebnisse stellten sie im »*Journal of Alzheimer's Disease*« (DOI: 10.3233/JAD-122113) vor.

Die Alzheimerkrankheit ist bekanntlich eine neurodegenerative Krankheit, für die bisher keine Heilung in Sicht ist. Kosten der Erkrankung 2013 in den USA allein: 200 Milliarden Dollar!

Nun soll es also der billige Zimt richten? Die in Stangenform oder als Pulver verwendete Rinde des Zimtbaums wird in China seit mindestens 4000 Jahren traditionell als Heilmittel verwendet. Und schon lange wird ihr eine Wirkung gegen Diabetes Typ 2 zugeschrieben. Die ist aber bisher nicht ausreichend wissenschaftlich bewiesen.

Das Gewürz, im Hebräischen »*Qinnamon*« und von Moses in der Bibel als eine der Zutaten des Salböls benannt, wirkt nachweislich entzündungshemmend und antimikrobiell.

Bekanntlich bilden sich im Gehirn der Alzheimerkranken »*Plaques*« aus fehlerhaft gefalteten kleinen Proteinen. Zusammen mit den *Plaques* lagern sich sogenannte Neurofibrillen in Form von Knäueln in den

Neuronen ab. Fehlerhafte Formen der sogenannten τ-Proteine binden sich aus dem Zellkörper heraus an die Nervenzellen, verklumpen und können somit nicht mehr zurück in den Zellkörper. Sie blockieren damit die Neuronen tödlich.

Je älter wir werden, desto mehr dieser Knäuel bilden sich.

Eine Komponente, die für den typischen Zimtgeruch verantwortlich ist, Zimtaldehyd, verhindert die τ-Knäuel-Bildung, indem sie vor oxidativem Stress schützt. Zimtaldehyd bindet an den Schwefel der zwei Aminosäure-Gruppen Cystein in τ. Sie sind extrem wichtig für die Protein-Stabilisierung.

Zimtaldehyd ist wie der Sonnenschirm, mit dem sich Chinesinnen gegen UV-Strahlung schützen. Epicatechin, das in Blaubeeren, dunkler Schokolade und Rotwein gefunden wird, ist gleichfalls ein mächtiges Antioxidanz.

Soll man nun Zimt in großen Mengen zu sich nehmen? Nein! Das Gewürz, vor allem der von der Lebensmittelindustrie oft benutzte preisgünstige Cassia-Zimt aus China, enthält nämlich viel Cumarin. Diese würzig riechende Substanz kann, in größeren Mengen genossen, zu Kopfschmerzen, Erbrechen und Schwindel führen, bei Überdosierung sogar zu Lähmung, Atemstillstand und Koma!

Doch wie sagte schon Paracelsus: Die Dosis macht das Gift.

Fazit: Inzwischen wissen zumindest viele wendegebeutelte Ossis, dass nicht alles schlecht war in der DDR. Nun also die Milchreis – mit Zimt-und-Zucker-Schulspeisung …

Kein Wunder also, dass wir das bessere Gedächtnis haben!

Bienen nicht länger im Dunkeln

In einem Bienenstock ist es warm und völlig dunkel. Ein hochkomplexer Organismus: Rund 50 000 Wesen leben hier dicht an dicht, und dennoch haben sie genug Platz, um sich im tiefsten Dunkeln zu bewegen.

Aber die dunklen Tage sind jetzt vorüber – für menschliche Beobachter jedenfalls: HOBOS (HOneyBee Online Studies), das Online-Portal, wurde von einem Team der Universität Würzburg ins Leben gerufen. Spezialkameras auf besonderen Wellenlängen schauen tief in das Innere des Bienenhauses. Die Bienen werden dabei nicht gestört.

Zum ersten Mal können wir das natürliche Verhalten dieser Insekten in Echtzeit beobachten. Nach Rindern und Schweinen ist die Honigbiene unser drittwichtigstes Haustier!

Ihre Bestäubungsarbeit sichert uns weltweit ein Viertel der pflanzlichen Lebensmittel. Aber sie gehört auch zu den bedrohten Tierarten: Krankheiten, die Verbreitung von Insektenschädlingen (wie die *Varroa*-Milbe) und Verluste an Lebensraum erschweren ihr Leben.

HOBOS ermöglicht den Wissenschaftlern, ein Bienenvolk mit Live-Aufnahmen aus dem Bienenstock und dessen Umgebung zu beobachten. Auf dem Internetportal *www.hobos.de* bietet die Forschungsgruppe seit 2009 Schülern, Lehrern, Studenten und Imkern weltweit einen völlig neuen Blick auf das Leben der Honigbiene.

HOBOS verfügt über mehrere Sensoren, z. B. über eine Infrarot- Kamera am Stockeingang, zwei Endoskop-

kameras mit Mikrofonen für das Innere des Bienenstocks sowie eine weitere Infrarot-Kamera, die Umgebungs- und Wetterdaten erfasst.

Die unabhängige Erfassung und Verbreitung von Wissen über das Internet ist leicht und es ist das Medium für Kinder und Jugendliche. Die zweisprachige Webseite erleichtert die internationale Zusammenarbeit zwischen Schulen, so dass Schüler ihr Bienenwissen über Ländergrenzen hinaus austauschen können.

Neue Entdeckungen resultieren einfach schon aus der umfassenden Menge an Videomaterial und Zahlendateien.

Es kommen neue Fragen auf, die Antworten gleich mitliefern: Wann fliegen die ersten Bienen am Morgen aus?

Wie schwer ist ein Bienenstock, wenn er Nahrung für den Winter enthält?

Was machen die Bienen im Winter?

Was passiert, wenn eine junge Königin schlüpft? Wie warm ist es im Innern des Bienenstocks und welche Temperaturen herrschen in Ecken und Waben?

Wie schnell kehren die Honigbienen zurück in den Stock, wenn ein Sturm kommt?

Gerade hat eine Arbeitsbiene ihre süße Beute im Bienenstock abgeliefert. Nun fliegt sie wieder hinaus, bestäubt Blumen, um erneut mit einem Sack voll Nektar zurückzukommen.

Bienenvater Professor Tautz schmunzelt zufrieden …
Summa summarum …

Prominente Fan-Post

Zu Weihnachten 2005 bekam ich (RR) in Hongkong den für mich als Wissenschaftler schmeichelhaftesten Brief meines Lebens. Er kam aus dem britischen Cambridge, von einem Nobelpreisträger. Und zwar sogar von einem doppelten!

Frederick Sanger war als Kind einer meiner ersten wissenschaftlichen Helden. Er gehörte zu den wenigen Forschern, die gleich zweimal mit dem Nobelpreis geehrt wurden: Außer ihm hatten das nur Marie Curie, John Bardeen und Linus Pauling geschafft.

Fred Sanger wurde 1918 als Sohn des Arztes Frederick Sanger senior geboren. Nach der Schule entschied er sich für die Biochemie. Hier konnte er sich anders als im Arztberuf stärker auf ein Themengebiet konzentrieren und mehr erreichen.

So studierte er in Cambridge und erhielt 1939 seinen Abschluss. Da er aus einer Quäker-Familie kam, lehnte er den Kriegsdienst aus Gewissensgründen ab und arbeitete während des Zweiten Weltkrieges weiter an seiner Promotion über die Aminosäure Lysin. 1943 erhielt er den Doktortitel.

1958 bekam er den Chemie- Nobelpreis als alleiniger Preisträger für die 12-jährige Arbeit an der Aufklärung der Struktur des Insulins und seine Beiträge zur Protein-Sequenzierung. Er konnte die langen Perlenketten der Eiweiße lesen, die Abfolge (Sequenz) von deren 20 unterschiedlichen Aminosäuren. Das Insulin spielte dann eine entscheidende Rolle bei der Etablierung der moder-

nen Gentechnik. Heute bekommen Diabetiker menschliches Insulin von genmanipulierten Bakterien produziert und kein Grüner in Deutschland empört sich interessanterweise darüber. 22 Jahre später, 1980, wurde Sanger erneut mit dem Nobelpreis für Chemie geehrt, dieses Mal zusammen mit Paul Berg und Walter Gilbert für die Sequenzierung von DNA, der Abfolge der Basen A, T, C und G in den Nukleinsäuren. Die Entschlüsselung des genetischen Codes begann damit.

Sanger hatte bis dahin kein besonderes Interesse an Nukleinsäuren gezeigt. Aus seinem Kellerlabor bemerkte er jedoch »zwei Gestalten, die wild aufeinander einredend vorbeiliefen, ein ziemlich verrücktes Paar.«

Das waren James Watson und Francis Crick, die Sanger letztlich für die DNA begeisterten. Sanger meinte später dazu: »Die DNA-Kettenabbruch-Idee war die beste meines Lebens, die nicht nur originell, sondern letztlich auch erfolgreich war...«

1983 ging er in den Ruhestand. Exakt mit 65 Jahren! »Genug geforscht!« Zuletzt widmete er sich zusammen mit seiner Frau Margaret Joan seinen Hobbys: dem Gärtnern und dem Segeln.

Im vorigen Monat starb der größte Biochemiker unserer Zeit 95-jährig.

Neugierig darauf, was er dem Autor Renneberg 2005 lobpreisend und charmant schrieb?

»Wenn ich Ihr wunderbares Biotechnologiebuch lese, wünsche ich mir, noch einmal Student zu sein ...«

Die Ein-Kind-Familie

Fragt man in Hong-kong Studenten aus Städten der Volksre-publik China nach der werten Familie, sollte man tunlichst die Frage nach Geschwistern ver-meiden. Eigentlich unglaublich: Seit 1979 kennen die meisten jungen Chinesen städtischer Herkunft weder Bruder noch Schwester und entsprechend selten Onkel oder Tanten!

Das wohl größte demographische Experiment der Ge-schichte steht nun offenbar vor seinem grandiosen Schei-tern. Fakten: Es gibt heute schon wegen der traditionellen Bevorzugung eines männlichen »Stammhalters« 18 Milli-onen mehr Jungen als Mädchen unter 15. Im Jahr 2020 werden deshalb 30 Millionen Männer im heiratsfähigen Alter keine Frau mehr innerhalb Chinas finden. Waren es 1965 noch 6,2 Geburten pro Frau, so lag diese Zahl 2011 nur noch bei 1,7.

Dem volkreichsten Land der Erde, 1,35 Milliarden Menschen, gehen die Leute aus. Die Regierung rechnet allerdings vor, dass ohne die Ein-Kind-Politik das Land 400 Millionen Chinesen mehr beherbergen würde. Der neue Wohlstand wäre gleich wieder aufgegessen worden. China wird dafür sogar von der UNO gelobt.

Der Preis des Wohlstands sind gruselige Zahlen: 335 Millionen offizielle Abtreibungen, 200 Millionen sterili-sierte Frauen, ständige Untersuchungen auf Schwanger-schaft. Ohne Carl Djerassis Wunschkind-Pille wäre das noch weitaus dramatischer! Die Nutzerinnen der »Pille« haben sich große Schmerzen und Leid bei den teils

zwangsweisen Abtreibungen erspart. 330 Millionen Dollar Strafe bei Nichteinhaltung der Auflage kommen pro Jahr bei den lokalen Behörden zusammen, wo das Geld sofort versickert.

Eine halbe Million(!) Beamte arbeiten an der Geburtenkontrolle. Die wollen ihren Job natürlich nicht verlieren.

Nun sind Maßnahmen durch Premierminister Xi Jiping angekündigt: Wenn beide Partner aus einer Ein-Kind-Familie stammen, dürfen sie nun zwei Kinder haben. Bauern allerdings durften schon bisher ein zweites Kind haben, wenn das erste ein Mädchen oder behindert war. Allein diese Gleichsetzung zeigt eine unselige Tradition, die eines erklärtermaßen sozialistischen Landes unwürdig ist.

Doch zwischenzeitlich sind Kinder so teuer geworden, dass die meisten sich ohnehin auf ein Kind beschränken. 1400 Grundschulen wurden bereits aus Schülermangel geschlossen.

In Hongkong liegt die Lebenserwartung bei 80,6 Jahren und es werden 1,2 Kinder pro Frau geboren. Diese Geburtenrate ist zwar niedriger als die in China. Sie ist jedoch auf den Unterschied zwischen ländlichen und städtischen Gebieten zurückzuführen.

Im Jahre 2050 wird einer von drei Chinesen älter als 60 sein, das sind 430 Millionen! Alters- und Pflegeheime gibt es kaum.

Mit seiner Reaktion auf die neuen demographischen Probleme zeigt China, wie man aus Fehlern lernt und zuallererst das System stabilisiert, ehe man es umbaut.

Anmerkung im Februar 2015:
China betreibt nun eine Kampagne
ZWEI KINDER!

Energieproblem gelöst

18.01.14

Das Energieproblem ist gelöst. Energie kann ausreichend und sicher gespeichert werden. Ihre Produktion erfolgt selbstredend aus erneuerbaren Quellen, noch dazu aus unterschiedlichen, die sich bei Bedarf vertreten können.

Klingt alles zu schön, um wahr zu sein? Es entspricht aber absolut der Realität – in unseren Körperzellen. Wie wurde in der Evolution dieses schwierige Problem gemeistert?

Als Energiespeicher und »frei konvertierbare Energiewährung« dient eine kleine chemische Verbindung, das ATP (*Adenosintriphosphat*). Das besteht aus einem organischen Grundgerüst, mit dem als kleine Kette drei Phosphatreste verbunden sind. Und genau in der Verknüpfung dieser drei Phosphatreste ist Energie in chemischer Form gespeichert.

Wird sie im Körper benötigt – und ohne kontinuierliche Energiezufuhr wäre unser Leben unmöglich – werden diese Verknüpfungen sehr schnell gelöst.

Hochspezifische Enzyme sorgen dafür, dass das mit großer Effizienz zur rechten Zeit und am rechten Ort geschieht. Gemessen an dem riesigen Bedarf ist die Konzentration des ATP in unseren Zellen gering. Deshalb muss auf das ATP-Grundgerüst im Stoffwechsel in jeder Zelle ständig erneut Phosphat übertragen werden.

An dem dazu benötigten anorganischen Phosphat leiden wir keinen Mangel, denn es ist in unserer Nahrung oft mehr als genug vorhanden.

Woher kommt nun die dazu notwendige Energie? Sie wird von Kohlenhydraten, Fetten und Eiweißen geliefert, jenen Nahrungsbestandteilen also, die wir als »erneuerbare Energiequellen« dem Körper zuführen.

Die meisten Zellen können jeden dieser Kalorienlieferanten nutzen. Aber einige Organe, wie Gehirn oder rote Blutzellen, sind auf Kohlenhydrate, genauer Glucose, angewiesen. Glucose muss also im Organismus immer verfügbar sein.

Kurzfristig wird das durch unseren Glucosespeicher, das Glykogen, gesichert, längerfristig durch Neusynthese. Da eine Umwandlung der Fette in Glucose nicht möglich ist, dienen vor allem die Bausteine der Eiweiße, die Aminosäuren, als Quelle. Doch diese brauchen wir zuerst für die Neubildung körpereigener Proteine; ganz zu schweigen davon, dass der für die Glucose nicht benötigte Stickstoff aus den Aminosäuren aufwendig über die Niere entsorgt werden muss.

So ist der richtige Brennstoffmix einer der vielen guten Gründe, der Empfehlung der Deutschen Gesellschaft für Ernährung zu folgen, nach der wir gut die Hälfte der benötigten Kalorien als Kohlenhydrate zuführen sollten, maximal ein Drittel aus Fetten und den verbleibenden Rest aus Eiweißen.

Übrigens soll ein kleiner Schönheitsfehler unserer Energieproduktion nicht unerwähnt bleiben – auch wir erzeugen dabei das Treibhausgas CO_2. Trotzdem ist dieses, in der Evolution entstandene, hocheffiziente Energiesystem ein wahres »Meisterwerk« – doch leider in der Technik derzeit wohl kaum zu kopieren.

Jedoch mit seiner Existenz bleibt die Hoffnung, dass der menschliche Geist zukünftig eine »saubere« Energieversorgung ermöglichen wird!

Im Osten begehrt, im Westen unterschätzt und belächelt: der Trabi. Der VEB Sachsenring Automobilwerke Zwickau fertigte von 1957 bis 1991 über drei Millionen Autos. Der »Volkswagen der DDR« war ein Pkw für vier Personen und Gepäck. Der Name Trabant bedeutet Begleiter oder Weggefährte, ebenso wie das russische Wort *Sputnik.*

Beinahe ein Ford

01.02.14

Der Trabant, der auf der Leipziger Messe vorgestellt wurde, überzeugte ein begeistertes DDR-Publikum. Die Werbung lobte den »geräumigen Innenraum, die großen Fensterflächen sowie ein stimmiges, dem Geschmack der Zeit entsprechendes Design«.

Mit über 400 Litern Kofferraumvolumen war er der erste Kleinwagen mit Frontantrieb der DDR, den sich zudem viele leisten konnten. Die Außenhaut der Karosserie wurde aus Kunststoff hergestellt. Tiefziehblech stand auf der Embargoliste des Westens und war daher rar und teuer. Sowjetisches Tiefziehblech erwies sich als ungeeignet. So erhielt der Trabant eine selbsttragende Karosse aus Stahlblech.

Doch deren äußere Beplankung bestand zum größten Teil aus baumwollverstärktem Phenoplast. Kurze Baumwollfasern aus der Sowjetunion wurden zu Vliesmatten verdichtet und mit Phenolharz aus der Weiterverarbeitung von Destillationsprodukten der heimischen Braunkohleteers getränkt.

Die Karosserieteile wurden teils mit Klebestreifen aus Buna-Kautschuk an den Nahtstellen sowie mit einzelnen

Schrauben an stark beanspruchten Stellen mit dem Stahl-
gerippe verbunden. Diese Kunststoffhülle hatte eine
Reihe von Vorteilen: Stabilität, Wetterfestigkeit und
leichte Verfügbarkeit. Bioabbaubar war sie allerdings
nicht. Das war damals noch kein Thema.

Die Idee allerdings ist älter als der Materialmangel der DDR: Sie kam von Henry Ford. Der spätere Autozar wurde 1863 auf einer Sojabohnen-Farm geboren. Zeitlebens blieb er der Landwirtschaft verbunden und verkündete bereits 1934, dass eines Tages Autoteile auf Farmen wachsen würden.

1941 stellte er sein *Soybean Car* (Soja-Auto) der Öffentlichkeit vor. Vierzehn sojafaserverstärkte Karosserieflächen auf konventionellem Fahrgestell führten zu einer Gewichtsreduktion von 1,4 auf 0,9 Tonnen.

In Kriegszeiten schienen nachwachsende Rohstoffe eine gute Alternative zum von der Rüstungsindustrie dringend benötigten Stahl. Ob auch das Bindemittel der Sojafasern aus nachwachsenden Stoffen bestand, ist nicht überliefert.

Der 77-jährige Henry Ford demonstrierte mit einer Axt den staunenden Journalisten die Festigkeit einer Soja-Kofferhaube. Die Axt federte ohne jegliche Wirkung zurück! Danach lud Ford zu einem 14-Gänge-Soja-Menü.

Mit Ausbruch des Zweiten Weltkrieges wurde dieses Autoexperiment eingestellt. Nach dem Krieg fiel das Projekt bei den Wiederaufbaumaßnahmen unter den Tisch.

Die Idee lebte aber im legendären Trabi weiter.

Zuckriges Zündeln

»Die Fette verbrennen im Feuer der Kohlenhydrate«. So etwa formulierte es der spätere Nobel-

preisträger Otto H. Warburg in den 30er Jahren des letzten Jahrhunderts, als man begann, die Grundzüge unseres Stoffwechsels aufzuklären.

Und so hörte ich es als Studentin in der Ernährungsvorlesung. Das klang gut und blieb im Ohr – bis heute. Aber was bedeutet es? Verbrennen bedeutet chemisch: Reaktion mit Sauerstoff. Bei organischen Verbindungen entsteht dabei Kohlendioxid und Wasser und es wird Energie frei.

Man kennt das: Verbrennt Benzin im Motor des Autos, dann fährt es, verbrennt Öl in der Heizung, dann wärmt sie.

Nun lodert und explodiert in unserem Körper nichts, aber dennoch entstehen Kohlendioxid und Wasser im Stoffwechsel als Endprodukte. Das entspricht einer Verbrennung. Der Unterschied liegt im Weg. Wo sonst sofort Gase entstehen, ermöglichen beim Abbau unserer Kalorienlieferanten Enzyme einen gebändigten vielstufigen Prozess.

Auch die Energie wird dabei stufenweise freigesetzt und sehr elegant in chemischen Bindungen im ATP (Adenosintriphosphat) gespeichert.

Das ATP dient dem Körper als »frei konvertierbare Energiewährung«: Keine Muskelbewegung, keine Proteinsynthese, keine Erbgutvermehrung ohne ATP, selbst die Nutzung von Zucker und Fett muss in den Zellen

durch ATP, wie Feuer mit einem Streichholz, angefacht werden.

Zurück zu den Fetten. Sie sind bekanntlich schlecht wasserlöslich. Deshalb bildet die Leber, speziell bei Hunger oder während man Ausdauersport treibt, aus Fetten zunächst kleinere, gut lösliche Verbindungen, Ketonkörper genannt. Die schickt die Leber per Blutstrom vor allem zu den Muskeln. Dort werden die Ketonkörper zur Energiegewinnung genutzt. Und dazu sind Zucker, also Kohlenhydrate, unentbehrlich! Nur dann lassen sich die Ketonkörper unter Freisetzung von Energie abbauen. Und was geschieht bei Zuckermangel? Dann verbleiben die Ketonkörper ungenutzt im Blut.

Die Folge: Da die meisten von ihnen Säuren sind, wird der Körper übersäuert. Das stört unseren Stoffwechsel und kann bei längerer Dauer Osteoporose begünstigen. Anders gesagt, sie werden zu schädlichem Abfall, der mit viel Wasser über die Niere entsorgt werden muss. Das erzeugt Durst, belastet die Niere und die Nierensteingefahr steigt.

Ist solch ein Zuckermangel für uns überhaupt je relevant? Durchaus. Insulinmangel, der den Transport von Zucker aus dem Blut in die Muskelzellen unterbindet, verursacht bei Typ-1-Diabetes den gleichen Effekt. Dem wirkt man durch Insulingaben entgegen. Und es geschieht auch bei etlichen »low-carb«-Diäten (wenig Kohlehydrate), wie bei der Atkins-Diät.

Der durch Ernährung bedingte Zuckermangel erzeugt gleichzeitig einen Kalorienmangel und zwingt den Körper zum Fettabbau. Das funktioniert tatsächlich, doch der Abbau bleibt bei den Ketonkörpern stecken. Mit Blick auf die geschilderten Folgen ist es nicht verwunderlich, dass diese Diäten sehr kontrovers diskutiert werden.

Da scheint es schon besser, die Fette bei Sport oder Spiel mit einer Prise Zucker kräftig brennen zu lassen.

Lasst Milch fließen

Nur ein einziges Nahrungsmittel dient ursprünglich und ausschließlich unserer Ernährung – die Muttermilch. Sie ist evolutionär nicht nur für unseren Nährstoffbedarf, sondern auch für unseren immunologischen Schutz optimiert.

01.03.14

Doch alles hat seine Zeit – der Schutz vor Krankheiten wirkt nur in den ersten Lebensmonaten und spätestens nach einem halben Jahr hat sich auch unser Nahrungsbedarf so gewandelt, dass er durch Muttermilch allein nicht mehr gedeckt werden kann.

Es mangelt nicht nur an Kalorien, sondern auch an Inhaltsstoffen, wie Eisen, Vitamin C oder D. Und wenn gar die ersten Zähne kommen, ist ein wichtiger Schritt in Richtung Eigenständigkeit getan. Doch die Evolution hat uns mit solcher Vielfalt von Verdauungs- und Stoffwechselmöglichkeiten ausgestattet, dass wir aus einer breiten Nahrungspalette wählen können.

Gerade die Milch ist ein gutes Beispiel, dass das nicht selbstverständlich ist. Milch enthält Laktose, einen Zucker, der aus den Bausteinen Glucose und Galaktose besteht. In eben diese Bausteine muss die Laktose im Darm durch das Enzym Laktase gespalten werden. Ungespalten kann sie durch den Darm nicht resorbiert werden, sehr wohl aber von den dort lebenden Bakterien.

Das Ergebnis: Blähungen, Bauchschmerzen oder gar Übelkeit und Erbrechen. Solche Laktose-Unverträglichkeit ist in vielen Teilen der Erde – in Asien, Afrika und Südamerika – bei Erwachsenen der Normalfall, denn die

(c) Ming + Viola
www.biolumne.de

Mehrheit der Menschen bildet das Enzym nur in früher Kindheit.

Das galt auch für unsere jungsteinzeitlichen Urahnen, die vor etwa 10 000 Jahren in Kleinasien das Rind domestizierten. Rohe Milch war ungenießbar für sie. Doch als ihre langen Wanderungen sie in das Gebiet des heutigen Ungarn führten, änderte sich das.

Dort, so zeigen es Genanalysen, lebten schon vor etwa 7000 Jahren Menschen, die das Enzym lebenslang bildeten. Eine kleine Mutation in dem Bereich des Gens des Enzyms, das dessen Bildung reguliert, hatte diese Änderung bewirkt. Diese Mutation war zunächst bedeutungslos, doch zusammen mit dem Milchvieh ermöglichte sie plötzlich einen enormen Selektionsvorteil. So schnell wie keine andere bekannte genetische Veränderung setzte sie sich in der Evolution durch.

Die Ursache ist klar: Milch ist eine erstklassige Quelle für hochwertiges Protein, Kalzium und Vitamin A; wer diese nutzen konnte, hatte weit bessere Überlebenschancen – und mehr Kinder.

In Europa besitzen heute mehr als 70 Prozent der Menschen das veränderte Gen. Aber wie jedes Fremdprotein, ganz gleich, ob tierischen oder pflanzlichen Ursprungs, birgt natürlich auch das der Milch ein Allergiepotenzial.

Etwa ein Prozent der Bevölkerung leidet an Milchallergie und muss deshalb Milch meiden. Doch diese ist von der Laktose-Unverträglichkeit zu unterscheiden, die meist durch Verzehr von laktosefreier Milch und Milchprodukten oder auch ergänzender Zufuhr des Enzyms zu umgehen ist.

Übrigens, schon in der Bibel gilt das Land, in dem Milch und Honig fließen, als das ersehnte …

Hollywood
für die Zunge

15.03.14

Gerade wurden in Hollywood die Oscars verliehen. Verblüffenderweise gibt es einen Zusammenhang zwischen Hollywood und Orangen. Orangensaft gilt als Symbol für Frische und Gesundheit. O-Saft war einst Amerikas Heilmittel für alle Fälle und schwappte um die Welt.

Seit den 1920er Jahren werden Vitamine propagiert. Der US-Erzeugerverband Sunkist startete damals eine Kampagne, täglich Orangensaft zu trinken, »um Vitamine, seltene Salze und Säuren aufzunehmen.«

Gleichzeitig warnte man vor müde machender Übersäuerung, die durch Fleisch, Eier und Brot hervorgerufen werde. Dagegen solle man Unmengen Zitrusfrüchte und Salat essen. Aber was ist mit der Säure in Zitrusfrüchten? Im Magen werden sie ins Basische verwandelt, hieß es seinerzeit … aha!

Doch wie kommt der Orangensaft in die Supermärkte? Die Methoden beschreibt die Agrarwissenschaftlerin Alissa Hamilton: Orangen werden gepresst und der gewonnene Saft in gigantischen Tanks abgefüllt. Hier entzieht man dem Saft den Sauerstoff, was ihn für mehr als ein Jahr haltbar macht. Bei diesem Vorgang geht allerdings auch das köstliche Aroma verloren. Safthersteller lagern also im Prinzip ein unverkäufliches Produkt – ein Saftladen!

Dem schalen, sauerstofffreien Orangensaft wird Aroma erst beim Abfüllen zugesetzt. Die Aromen werden zwar aus Orangenschalen hergestellt, sind aber selbst nach

Ansicht ihrer Produzenten »mit nichts zu vergleichen, was in der Natur zu finden ist.«

Wer glaubt, dass man das Gleiche bekommt, egal ob man eine Orange frisch presst oder Orangensaft im Supermarkt kauft, dürfte enttäuscht sein. Es ist kein Problem, natürliche Aromastoffe aus biologischen Produkten zu gewinnen und somit auf »Naturpfaden« zu wandeln.

Für die Industrie ist das aber schlichtweg zu teuer. Ein Kilogramm natürliches Aroma kostet ca. 600 Euro, ein Kilogramm synthetische Aromastoffe nur 15 Euro. Selbst das Vitamin C ist oft nachträglich wieder hinzugefügt.

Damit der Kunde nicht von der ganzen Chemie abgeschreckt wird, werden die synthetischen Inhaltsstoffe nett umbenannt. Kaum ein Verbraucher hinterfragt den Wirrwarr aus beamtensprachlichen Bezeichnungen auf den Verpackungen. Assoziationen in Richtung Natur reichen oft genug, um Kunden vom Kauf des Produkts zu überzeugen.

Heilpraktiker René Gräber: »Für mich ist dieser industriell gefertigte Orangensaft nichts anderes als Hollywood für die Geschmacksknospen ...«

Die Biolumnisten folgen da lieber Sergei Prokofjew und lieben die »drei Orangen«. Wenigstens die Musik ist unverfälscht.

Alleskönner

Alleskönner ist natürlich übertrieben. Aber die Proteine unseres Körpers können wirklich fast alles. Das ahnte wohl schon Berzelius, als er vor weit über 150 Jahren deren Namen vorschlug, denn er leitete ihn vom griechischen »*Proteios*« – das Erste – ab. Verglichen damit ist der synonyme Begriff »Eiweiße« eher dröge – zumal, wenn man bedenkt, dass das oftmals ebenfalls Eiweiß genannte Eiklar weniger Eiweiß enthält als das Eigelb.

Doch was können sie alles? Schon auf der Körperoberfläche finden wir vielfältigste Funktionen. Von der schieren Menge her wären da die Keratine zu nennen. Sie helfen als Strukturelemente die Barriere zur Umwelt zu formen und bilden auch Haare und Nägel.

Andere Proteine empfangen als Rezeptoren Umweltreize und ermöglichen das Riechen, Schmecken und Sehen. Ein kristallines, glasklares Protein formt die dazu notwendige optische Linse.

Auch die Infektabwehr ist ihnen anvertraut und so sind in allen Schleimhäuten Schutzproteine, sogenannte Immunglobuline, stationiert.

Und im Innern des Körpers? Wieder dominiert mengenmäßig das Baumaterial. Als Kollagene des Bindegewebes verbinden sie und grenzen gleichzeitig ab. Und weil Leben sich nicht mit völliger Abschottung verträgt, bilden Proteine in den Zellmembranen regulierbare Kanäle oder Signalrezeptoren. Andere wiederum dienen in den Zellen der Verarbeitung empfangener Signale. Diese sind oft Hormone, die häufig selbst Proteine sind. Nicht zu vergessen

29.03.14

die vielen Enzyme, die als Katalysatoren unseren Stoffwechsel ermöglichen!

Auch die »Logistik« im Körper wird von Proteinen bewältigt. Das geschieht oft so wie beim Cholesterin, das in

Protein gehüllt im Blutstrom transportiert wird. Doch in den Zellen gibt es sogar Motor-Proteine, die einen Transport auf »Straßen« ermöglichen, die selbstredend auch aus Proteinen bestehen.

Die Liste ist längst nicht komplett. Wie kommt diese enorme Vielfalt zustande? Proteine sind Makromoleküle, deren Bausteine von 21 chemisch sehr unterschiedlichen Aminosäuren geliefert werden. 21 verschiedene Bausteine klingt nicht viel.

Doch schon bei einer durchschnittlichen Proteinlänge von nur 500 Aminosäuren, ergeben sich 21^{500} verschiedene Möglichkeiten, ein Eiweiß zu bilden! Und nicht genug damit, oft werden die Proteinstrukturen durch Metallionen oder kleine organische Moleküle, die häufig Vitamine enthalten, ergänzt. Die sich so ergebende, fast unendliche strukturelle Vielfalt ermöglichte es, für jede evolutionäre Herausforderung ein Protein mit passenden Eigenschaften zu bilden.

Doch auch Proteine haben eine Achillesferse: Bei ihrer Synthese treten nicht selten Fehler auf. Dadurch blieb ihnen eine wichtige Funktion verwehrt – die Speicherung unseres genetischen Bauplanes. Denn dafür benötigt der Organismus ein Molekül, das mit großer Präzision gebildet und bei Bedarf repariert werden kann: die DNA.

Doch um diese im Zellkern geordnet zu lagern, geregelt zu vervielfältigen oder ihre Information abzulesen, bedarf es – das ist keine Frage – wieder der allgegenwärtigen Proteine.

Das Virus
aus der Kälte

2012 hat das niedliche Mammut-Baby Lyuba Hongkong bezaubert. Lyuba war im sibirischen Permafrost vor etwa 15 000 Jahren konserviert worden, samt wolligem Fell und Mageninhalt. Der wegen der globalen Erwärmung tauende Permafrostboden bringt aber nicht nur die Riesen der Eiszeit wieder ans Tageslicht, er setzt auch den Klimakiller Methan frei.

Es gibt noch andere Überraschungen: Eine weitere Art von Riesenviren hat offenbar etwa 30 000 Jahre im Frost 30 Meter unter der Oberfläche geschlummert.

Viren sind normalerweise 100 mal kleiner als Bakterien, die ihrerseits im Durchschnitt ein Tausendstel Millimeter groß werden. Viren sind deshalb unter dem Licht-Mikroskop meist nicht sichtbar.

Riesenviren jedoch erreichen die Größe von Bakterien und sind so auch im Lichtmikroskop sichtbar. Bislang kannten die Forscher zwei sehr unterschiedliche Familien: die Megaviren und die Pandoraviren – beide erst seit etwa zehn Jahren.

Matthieu Legendre und Julia Bartoli von der Aix-Marseille Université in Frankreich tauten laut dem Fachjournal »*PNAS*« (DOI: 10.1073/pnas.1320670111) Bodenproben aus dem Permafrost auf. Mit den gefundenen Bodenviren infizierten sie im Labor Amöben der Art *Acanthamoeba castellanii*.

Da Viren (außer der Hülle) fast vollständig aus »Information« (DNA oder RNA) bestehen, war das Einfrieren und Auftauen für die Infektion der Einzeller offenbar kein

Problem. Wie beim Computer-Virus baut sich die Information in die Wirts-Information (hier DNA) ein und programmiert die blind gehorchende Zelle, massenhaft neue

Viren zu produzieren. Die vollgepackte Zelle platzt und setzt die Viruskopien frei.

Die neu gefundenen Pithoviren zeigen unter dem Elektronenmikroskop eine amphoren-ähnliche Struktur und ähneln Pandoraviren und Megaviren.

Wegen der Größe des Virus waren die Forscher von der geringen Zahl der im Erbgut codierten Proteine überrascht: Es bildet scheinbar gerade mal 467 Proteine. Bei Pandoraviren sind es bis zu 2500, bei Megaviren bis zu 1000 Proteine.

Ob im Permafrost Gefahren lauern? Nun, es könnten möglicherweise auch Pockenviren auftauen. Diese Viren wurden von der WHO 1980 nach weltweiten Impfkampagnen als »endgültig ausgerottet« bezeichnet. Oder die Grippeviren aus der verheerenden Pandemie nach dem Ersten Weltkrieg zwischen 1918 und 1920. Damals raffte die sogenannte Spanische Grippe weltweit zwischen 25 Millionen und 50 Millionen Menschen dahin.

Welche Zahl auch immer stimmt: Damit wäre die Spanische Grippe die schlimmste Pandemie in der Geschichte der Menschheit – bis jetzt...

Und: Totgesagte leben länger, sagt der Volksmund.

Gerade wird in Hong-
kong das Rentenalter
für Regierungsange-
stellte von 60 auf 65
Jahre angehoben. Der

Stirb jung, aber so spät wie möglich (1)

26.04.14

Grund? Die Lebenszeit der Bevölkerung steigt und gleichzeitig fehlt es zunehmend an Arbeitskräften – und das in
China! Die Stadtregierung knüpft da an althergebrachte
asiatische Tradition an und möchte die Erfahrungen der
Älteren besser nutzen.

Anfang April gab es eine übervolle Diskussionsrunde
im Hongkonger »Café Scientifique«. Das Wissenschafts-
Café ist eine Plattform für den Austausch von Wissenschaftlern mit Hongkongern, wo manches auch ziemlich
kontrovers diskutiert wird. Das jüngste Thema »Jung-
brunnen Biotech – Leben bis 120?«.

Unser Globus ergraut mit zunehmender Geschwin-
digkeit. Bereits 2020 wird der Anteil der Menschen, die
älter als 65 Jahre sind, größer sein als der jener unter fünf
Jahren.

Im Ergebnis dieser demografischen Revolution wer-
den mehr Menschen an altersbedingten Krankheiten wie
Herz-Kreislauf-Problemen und Krebs sterben, sagt die
»World Health Organization's Global Burden of Disease
Study«.

Freunde meinen aufmunternd zum Biolumnisten:
»Reinhard, good news! Goldene Zeiten für Deinen Herz-
infarkt-Schnelltest!« Naja, so richtig freuen kann ich mich
nicht darüber:

Die Kosten für die Behandlung altersbedingter Krankheiten steigen lawinenartig an. David Stipps, Altersfor-

scher aus Boston, dazu lakonisch: »Wir leben zwar gerade im Zeitalter der kleinen medizinischen Wunder – aber alles Wunder mit wunderbar hohen Kosten«.

Der Bedarf an altersbedingten medizinischen Therapien steigt ins schier Unermessliche, wenn die Lebenserwartung weiter so schnell ansteigt wie im Moment. Und derzeit steigt die Lebenserwartung des Menschen alljährlich um mehr als ein Jahr!

Was hat die menschliche Lebenserwartung bisher verlängert? Hauptsächlich die Bekämpfung von Kinderkrankheiten und tödlichen Infektionen.

Das Erwachsenen-Leben selbst wurde kaum länger. »Entschleunigung« des Alterns ist das eigentliche große Ziel.

Die Verlangsamung des Alterungsprozesses würde viele altersbedingte Übel zumindest herauszögern, von Arthritis, Alzheimer, Krebs bis hin zu Herzkrankheiten und Falten.

Medikamente senken erfolgreich den Blutdruck und den Cholesterin-Spiegel und verzögern somit Herzkrankheiten. Gerontologen konstatieren heute, dass neue Medikamente kommen, die altersbedingte Krankheiten um etwa fünf bis sieben Jahre hinauszögern. Bei breitester Anwendung würden diese unsere Lebenserwartung um genau so viele Jahre erhöhen.

Ein interessanter Aspekt: Wenn wir Krebs total eliminieren könnten, wie stark würde dann die Lebenserwartung steigen? In den USA »nur« um drei Jahre! Wieso so wenig? Das erfahren Sie in zwei Wochen in Teil 2 dieser Biolumne.

Stirb jung, aber so spät wie möglich (2)

Das Risiko für viele tödliche Krankheiten schnellt nach 65 Jahren Lebensalter dramatisch in die Höhe. Präventive altersverzögernde Medikamente würden echte Lebensqualität bringen und nicht nur Leidenszeit verlängern.

10.05.14

Bis in die späten 1980er Jahre betrachteten die meisten Biologen das Altern als unabänderlichen Prozess. Ab 1990 wurden Gen-Mutationen in Rundwürmern gefunden, die wunderbarerweise die gesunde Lebenszeit der Nematoden verdoppelten.

Das Altern bei den Wirbellosen stellte sich nun als erstaunlich formbar dar, von Genen geregelt und genetisch manipulierbar. Die nächste Überraschung war die Entdeckung von »Gerontogenen« bei Mäusen und menschlichen Gen-Varianten, die mit Langlebigkeit bzw. gesundem Altwerden verbunden sind.

Mit dem Verständnis der Gen-Regulation wurde auch das Rätsel der »Hunger-Diäten« klarer. Sehr niedrige Kalorien-Zufuhr in der Mäuse-Jugend verlängert das Leben von Nagern drastisch und vermindert ihre Alterskrankheiten. Kalorienreduziert ernährte Tiere waren darüber hinaus abgehärtet gegen Stressfaktoren, z. B. oxidativen Stress durch aggressive freie chemische Radikale.

In der chinesischen Geschichte wurde sehr oft gehungert, das müsste ja ein Vorteil sein! Eine positive epigenetische Zukunftsoption der Chinesen?

Eine Frage im Hongkonger *Café Scientifique* war, ob es auch ohne Hunger ginge. Das nach der Osterinsel (*Rapa*

Nui) benannte Rapamycin ist eine hungerfreie Antwort.

Neueste Studien zu Rapamycin zeigen, dass die Substanz, die die Abstoßung transplantierter Organe verhindern soll, auch bei Mäusen das Altern verlangsamt.

Durch einen Planungsfehler der Forscher wurden 20 Monate alte Mäuse behandelt, das entspricht etwa einem 60jährigen Menschen. Die männlichen Tiere lebten 28 Prozent länger als Kontrolltiere, die Mäuse-Weibchen sogar 38 Prozent – und das bei verbesserter Gesundheit! Experimente an Menschen sind nicht bekannt.

Menschen, die 100 Jahre und älter werden, besitzen ganz sicher Gen-Varianten, die sie ihr Leben lang bei guter Gesundheit halten. Die langlebigste Population der Welt in der japanischen Präfektur Okinawa hat 80 Prozent weniger Brust- und Prostata-Krebs als US-Amerikaner, 40 Prozent weniger Hüftprobleme und nur die Hälfte der Demenzfälle.

2005 untersuchte die US-amerikanischen Rand Corp. die ökonomischen Konsequenzen von zehn medizinischen Durchbrüchen für alte Menschen.

Die meisten Kosten würde danach ein Antiaging-Medikament sparen, das zehn gesunde Jahre zur Lebenserwartung für jedermann hinzufügen könnte.

Die RAND-Studie zusammenfassend: »Nur ganz wenige Bereiche der modernen biomedizinischen Forschung bringen bessere Ausbeuten für jeden investierten Forschungs-Dollar als die Altersforschung!«

»Der Weg ist das Ziel«, wusste schon Lao-Tse vor 2600 Jahren.

Kwashiorkor

Jeder kennt aus Berichten über Dürrekatastrophen die Bilder hungernder Kinder mit gedunsenen Bäuchen. Die Ursache ist schon nicht mehr jedem geläufig – es ist nicht Hunger an sich, sondern ganz konkret Mangel an Nahrungseiweiß. Warum führt gerade das zu Hungerbäuchen?

Die Bausteine der Eiweiße, die Aminosäuren, dienen weniger der Energiegewinnung als viel mehr der Bildung von Körpereiweißen, und die werden ständig erneuert. Ihre Synthese ist ein komplizierter Prozess, auch wenn das Grundprinzip einfach ist: Es ist wie das Fädeln von Ketten aus unterschiedlichen Perlen.

Jedes Protein ist durch seine Kettenlänge und die fest vorgegebene Reihenfolge der Perlen – der Aminosäuren – gekennzeichnet. Acht der benötigten 21 verschiedenen Aminosäuren können wir nicht selbst bilden. Wir müssen sie mit der Nahrung zuführen, man nennt sie essenziell.

Deshalb ist Nahrungseiweiß nicht gleich Nahrungseiweiß!

Als hochwertig gilt Eiweiß, das in seiner Zusammensetzung unserem Bedarf entspricht. Wenn die Mengenverhältnisse der Aminosäuren nicht stimmen, ist seine sogenannte Wertigkeit gering. Fehlt auch nur eine einzige beim »Fädeln« der Proteinketten, stoppt die Synthese. Und da wir Aminosäuren nicht speichern können, werden nun alle, obwohl dringend benötigt, abgebaut und ausgeschieden!

Hochwertige Eiweiße sind meist tierischen Ursprungs. Wir finden sie in Eiern und Milchprodukten, in Fisch und Fleisch. Auch Sojaprotein hat eine hohe Wertigkeit. Allgemein jedoch haben Pflanzen – und das ist verständlich, denn sie sind evolutionär viel weiter von uns entfernt – meist niedere Wertigkeiten. Doch glücklicherweise mischen unsere Speisen oft ganz selbstverständlich Proteine unterschiedlicher Quellen zu hoher Wertigkeit. Kartoffeln und Ei bilden so eine Kombination, die bezüglich der Aminosäure-Ausnutzbarkeit kaum zu übertreffen ist! Auch Brot belegt mit Fisch oder Wurst und selbst Bohnen und Mais ergänzen sich vortrefflich.

Leider besitzen wir, anders als für Kohlenhydrate und Fette, keine Proteinspeicher, von denen wir bei Bedarf zehren können. So geht jeder andauernde Mangel – und sei es nur an einer Aminosäure – gleich an die Substanz! Dann kann etwa Albumin, ein wichtiges Protein des Blutplasmas, nicht mehr ausreichend gebildet werden.

Da es zur ausgeglichenen Wasserverteilung zwischen Blutstrom und Gewebe notwendig ist, kommt es zur Ödembildung – dem Austritt von Wasser ins Gewebe und damit zur Bildung von Hungerbäuchen.

Heute findet man Proteinmangel-Ödeme in Industrieländern vor allem bei Alkohol- oder Essstörungskranken sowie bei einigen anderen schweren Erkrankungen. Doch die meisten Fälle treten in Entwicklungsländern auf, vorwiegend bei einseitiger Maisernährung und natürlich in Kriegsgebieten.

Die Frage nach der Ursache der gedunsenen Bäuche – auf ghanaisch *Kwashiorkor* genannt – lässt sich leicht beantworten, die nach ihrer weltweiten Verhinderung leider nicht.

Marinier' mit Bier, das rat' ich Dir

Ob in Berlin oder in Boston – Grillen ist gleichermaßen beliebt. Doch ein Unterschied fällt schnell

21.06.14

auf. Während in Boston Fleisch meist nur mit Salz und Pfeffer gewürzt auf dem Rost landet, scheinen in Berlin der Fantasie beim Marinieren des Grillgutes keine Grenzen gesetzt.

Und daran sollten wir festhalten! Nicht nur, weil Fleisch dadurch würziger und zarter wird, sondern vor allem, weil Marinieren die Bildung gesundheitsschädigender Stoffe verringert.

Denn wie bei jeglichem trockenen Garen in großer Hitze, entstehen beim Grillen schädliche Stoffe. In der Hitze werden organische Substanzen zum Teil unvollständig verbrannt. Das betrifft herabtropfendes Fett genauso wie die Glut erzeugende Holzkohle und Bestandteile der Fleischoberfläche.

Dabei entstehen reaktive Radikale, die auf bislang nicht völlig geklärten Wegen eine Vielzahl neuer Verbindungen bilden. Die meisten von ihnen enthalten aromatische Ringe. Man nennt sie deshalb polyzyklische aromatische Kohlenwasserstoffe (PKA). Ihr bekanntester Vertreter ist das Benzopyren. Enthalten die Verbindungen auch Stickstoff, spricht man von heterozyklischen aromatischen Aminen (HA).

Ein bläulicher Rauch zeugt von ihrem Entstehen und lagert sie auf dem Grillgut ab. Diese Verbindungen sind zunächst gar nicht so gefährlich. Doch sie sind schlecht wasserlöslich und bei dem Versuch unserer Leber, das zu

ändern, entstehen im Körper potenziell krebserregende Stoffe.

Marinaden, die Bier (vor allem schwarzes, aber auch alkoholfreies), Wein oder Tee enthalten, können die

Bildung der PKA und HA beim Grillen deutlich verringern (*J. Agic. Food Chem.* Bd. 62, S. 2638).

Denn anders als beim Ablöschen mit Bier, bei dem der entstehende Qualm Schadstoffe zum Fleisch transportiert, schützt Marinieren vermutlich durch die enthaltenen Radikalfänger.

Sie sind auch in Knoblauch, Zwiebeln, Senf und Garten- und Wiesenkräutern enthalten und deren Verwendung kann den Schutz noch verbessern. Natürlich empfiehlt sich, mageres Fleisch zu verwenden, um in die Glut tropfendes Fett zu verringern.

Weitere Schadstoffe, die sich beim Grillen bilden können, sind Nitrosamine. Auch sie gelten als krebserregend.

Sie entstehen vor allem aus im Grillgut enthaltenen Nitritsalz, und Eiweißen des Fleisches. Man sollte also gepökeltes Fleisch wie Kassler, Bockwurst, Wiener oder Speck meiden. Aber zum Glück gibt es ja nitritfreie Bratwürste verschiedenster Art!

Kein Nahrungsmittel – ob roh oder gegart – ist ohne Schadstoffe. Völlig vermeiden lassen sie sich nicht, minimieren aber sollte man sie schon.

Beim Grillen gibt es viele Wege dazu und deswegen sollte man sich die Freude an einem geselligen Abend mit köstlich Gebrutzeltem keinesfalls nehmen zu lassen.

Das Geruchstelefon

Manchmal geschieht es – ein Geruch weht vorbei und in uns erstehen Erinnerungswelten. Einst Erlebtes, Empfundenes lässt sich berichten, doch ein Geruch ist sprachlich kaum fassbar. Bestenfalls ist sein Ursprung benennbar oder er lässt sich vergleichend beschreiben: Ob er von einem Veilchen kam, ob es roch wie trockenes Heu. Aber was, wenn unser Gegenüber Veilchen nicht kennt?

Anders als Töne und Farben, lassen sich Gerüche nicht objektivieren. Zudem ist die Geruchsempfindung im Gehirn eng mit Gefühl und Erinnerung verknüpft und ihre Wahrnehmung sehr subjektiv. So ist der Geruch der geheimnisvollste unserer Sinne. Ein Sinn, der vom ersten Lebenstag an wichtig ist, indem er dem Säugling hilft, die Nahrung zu finden. Später warnt er vor Gefahren wie Feuer, Gas oder verdorbene Nahrung.

Schließlich scheint er einbezogen in Zuneigung und Ablehnung – wohl nicht zufällig die Aussage, »jemanden nicht riechen« zu können.

In grauer Vorzeit war die Nase für uns vermutlich noch weit wichtiger. Denn 1000 der gut 20 000 Gene des Menschen tragen die Information für Geruchsrezeptor-Proteine. Doch anders als etwa der Hund, der stärker als wir in einer Geruchswelt lebt, nutzt der Mensch nur etwa die Hälfte dieser Tausend – Männer meist noch weniger als Frauen.

Die Geruchsrezeptoren sind in den Membranen der Riechzellen in der Nase verankert. Diese Zellen, auch

olfaktorische Zellen genannt, kann man als »Ausstülpun-
gen« von Neuronen des Gehirns ansehen. Das Rezeptorprotein in der Zellmembran formt eine »Duftfalle«.

Diese ist so unterschiedlich geformt, wie die Stoffe, die wir riechend wahrnehmen können.

Und welche Eigenschaften müssen diese Stoffe haben? Nun, es müssen kleine und leicht flüchtige Moleküle sein. Die meisten sind organischer Natur. Ein Stein oder Glas riecht nicht.

Ein Geruch besteht zumeist aus einem Gemisch von Duftmolekülen. Jede einzelne Riechzelle besitzt sehr viele Rezeptoren, die jedoch alle identisch sind. Deshalb werden die Duftkomponenten in der Nasenhöhle getrennt an unterschiedliche Zellen gebunden.

Häufig bindet eine Sorte Duftmoleküle sogar parallel an unterschiedliche Rezeptoren und damit an verschiedene Zellen. Die Geruchszellen leiten alle Signale, die durch diese Bindungen entstehen, direkt an das Gehirn.

Dort wird das eintreffende elektrische Erregungsmuster in einen Duft übersetzt. 5000 Gerüche maximal, so meint man, können wir uns merken. Und unglaublich viel mehr unterscheiden. Es bleibt so manches Rätsel.

Eines davon ist, warum berühmte Köche meist Männer sind, obwohl Geruch und Geschmack sich stark bedingen.

Nach (wenig erfolgreichen) Versuchen mit Geruchskino versucht man sich inzwischen am olfaktorischen, also Geruchstelefon. Es wird die kommunikativen Möglichkeiten erweitern und doch keines der Rätsel lösen.

Evolutionärer Verwandlungs- künstler

19.07.14

Eine Flut von Signalen prasselt ständig auf uns ein. Sie kommen entweder aus der Umwelt oder in Form von Hormonen, Wachstumsfaktoren oder Neurotransmittern aus unserem Innern.

Doch die Verwirrung durch diese Vielfalt beginnt sich zu lichten. Im Kontakt von Leben und Umwelt entstanden in der Evolution Zellsysteme (Module), mit denen Signale empfangen und verarbeitet werden.

Eines davon erwies sich als besonders wandlungsfähig. Es ist ein Protein, das siebenfach, wunderhübsch schraubenartig, die Membran einer Zelle durchspannt – ein »*heptahelikaler*« Rezeptor (von griechisch *hepta* für sieben und *helix* für Windung). Mutationen ermöglichten eine Anpassung an immer neue Anforderungen. Der Rezeptor wurde eine unglaubliche Erfolgsstory.

Archebakterien nutzen das Modul als Photorezeptor, Amöben, um zu Nährstoffen zu gelangen. Im Zellverband der Mehrzeller erwuchsen neue Herausforderungen. Das war kein Problem für den heptahelikalen Verwandlungskünstler und so findet man ihn bei Pilzen, Insekten und Pflanzen. Doch die üppigste Vielfalt zeigt sich bei Tieren.

Allein durch Bindung von außen an den Rezeptor können im Inneren von Zellen, je nach Organ, völlig verschiedene Signalkaskaden ausgelöst werden. Identische Signale können parallel unterschiedliche, ja sogar gegensätzlich wirkende Rezeptoren aktivieren.

Beim Menschen bilden die rund tausend verschiedenen heptahelikalen Rezeptoren eine der größten Protein-

118

Mephisto: „Ich hätt´ da auch noch ein paar Ideen!"

familien überhaupt. Fast die Hälfte sind Geruchsrezeptoren.

Die Verwunderung war zunächst groß, als man Geruchsrezeptoren scheinbar auch in Darm, Herz und Spermien fand. Dort sind sie natürlich nicht Teil des

Geruchssinns, denn dazu fehlt die Verbindung zum Gehirn. Bei Spermien etwa wird der Maiglöckchenduft-Rezeptor der Nase zur gerichteten Bewegung Richtung Eizelle genutzt.

Doch Geruch ist nicht der einzige Umweltreiz, der uns mit solchen Rezeptoren erreicht. Auch Licht fangen sie ein. Gleiches gilt für einige Geschmackskomponenten.

Zu den vielen Hormonen, die über heptahelikale Rezeptoren im Körper wirken, gehören die Katecholamine.

Sie werden bei Hunger vermehrt gebildet und lösen unter anderem den Fettabbau aus. Doch im Hüftbereich der Frau – und so manche wird dem vermutlich zustimmen – funktioniert das nicht so recht. Die Ursache: Hüft-Fettzellen bilden zusätzlich Rezeptoren, die den Abbau bremsen. So wird dieses Fett für potenziellen Bedarf in Schwangerschaft und Stillzeit geschützt.

Das ist noch längst nicht alles, was die heptahelikalen Rezeptoren können:

Sie sind in die Regulation des Stoffwechsels einbezogen, wie auch in Reifung und Differenzierung von Zellen, im Gehirn, beim Entzündungs-und Immungeschehen und für Transporte in Zellen hinein. Manche Viren und Bakteriengifte nutzen diese Transportwege, um unsere Zellen zu entern.

Und gut die Hälfte aller heute verordneten Medikamente haben einen dieser Rezeptoren zum Ziel.

Gentests unter Beschuss

Business-Lady Anne Wojcicki ist die Tochter des Stanford-Physikers Stanley Wojcicki und Ehefrau des Google-Mitgründers Sergey Brin. »Ich will gesund 100 werden«, sagt sie und verwirklicht für sich diesen Traum mit der 2006 gegründeten Gentest-Firma »23andME«. Diese ist benannt nach unseren 23 Chromosomen-Paaren.

02.08.14

Nun muss die überaus erfolgreiche Firma erst mal zurückstecken.

Die gestrenge US-amerikanische Lebensmittel- und Pharmabehörde Food and Drug Administration (FDA) untersagt die weitere medizinische Auswertung ihrer DNA-Selbsttests: Es gebe keine Sicherheit, »dass die Test-Ergebnisse korrekt sind«, begründet die FDA die Nichtzulassung.

Die Behörde befürchtet Fehldiagnosen: «Sie geben Menschen mit erhöhtem Risiko von Erbkrankheiten falsche Sicherheit und verleiten andererseits ungefährdete Kunden zu kostspieligen oder gefährlichen Behandlungen.«

23andMe versichert nun eilig, die Bedenken der Behörde auszuräumen. Die von Google massiv unterstützte Hightech-Firma verkauft in den USA einen DNA-Speicheltest via Internet für 99 Dollar.

35 Pharma-DNA-Marker und andere genetische Eigenheiten werden analysiert.

Ich habe den Test ausprobiert: Wattebausch an der Mundschleimhaut mit meiner DNA beladen und per Post nach Kalifornien.

Etwa einen Monat später kamen verschlüsselt erste Ergebnisse – geordnet nach Risiken und Krankheiten. Ein rechtzeitiger Test hätte mir tatsächlich sehr geholfen:

Ich habe laut DNA-Test blaue Augen, niese in der Sonne, habe keinen Spargel-Duft im Urin. Stimmt alles, ist aber harmlos. Weiter zu den Risiken: Diabetes? Alzheimer? Parkinson? Vermindertes Risiko bei allen dreien! Und wo hätte ich Probleme? Ich bin warfarinüberempfindlich! Warfarin (»Marcumar« in Deutschland) ist der Stoff, der fantastisch Blut verdünnt.

2008 bekam ich Warfarin in Hongkong nach einem Herzinfarkt in einer Überdosis gespritzt, ohne von diesem Risiko zu wissen. Ich erlitt kurz darauf eine Gehirnblutung und lag zwei Tage im Koma. Ich habe überlebt.

Ich hätte ein anderes Medikament nehmen sollen! Das Koma wäre mir mit dem DNA-Test allerdings erspart geblieben.

Ein zweites erhöhtes DNA-Risiko: Meine Nikotinsucht-Gene sind stark gehäuft. Mein Papa rauchte zwei Schachteln pro Tag und verkürzte damit dramatisch sein Leben.

Warum lässt die besorgte FDA nun den Gentest nicht zu? Es werden täglich millionenfach teure Medikamente verschrieben, die nichts oder wenig bewirken oder gar gefährlich sind. DNA-Tests würden maßgeschneiderte Medikamente zulassen.

»*Cui bono*?« fragten klug die alten Römer.

Auf den Geschmack gekommen

Unser Geschmack ist die letzte Instanz der gründlichen Prüfung unserer Nahrung beim Essen. Vor allem die Sauer-und Bitter-Rezeptoren dienen dem Schutz. Sauer signalisiert Unreife oder Verdorbenes, bitter warnt vor einer Vielzahl giftiger Pflanzenstoffe.

Dass wir im Verlaufe des Lebens auch Bitteres schätzen lernen – denken wir nur an Kaffee, Bier oder Chicoree – zeugt von der kulturellen Überformung unseres Geschmacks. Sie wurzelt in der Erfahrung, dass nicht jeder Bitterstoff schädlich ist.

Andere Geschmacksqualitäten dienen primär dem Genuss – doch auch damit dem Schutz. Denn fehlt der Genuss, fehlt der Appetit und damit oft Lebensnotwendiges. Vermutlich ermuntert vor allem die Süße von Kohlenhydraten zum Essen.

Da Milchzucker den Geschmack der Muttermilch bestimmt, bevorzugen Kinder Süßes. Doch der Süß-Rezeptor ist nicht sehr spezifisch und so kann man mit Stoffen süßen, die gar keine Zucker sind. Das Aspartam etwa in »*Light*«-Limonaden ist ein modifiziertes Peptid. Ein anderer Rezeptor, nach dem japanischen Wort für würzig Umami-Rezeptor genannt, signalisiert Proteine.

Er spricht besonders empfindlich auf die Aminosäure Glutamin an. Darauf beruht die Wirkung von Glutamat als Geschmacksverstärker.

Auch ein Fettsäure-Rezeptor wurde in den Geschmackszellen gefunden. Vielleicht können wir damit Fett auch am Geschmack wahrnehmen. Ein Beweis dafür

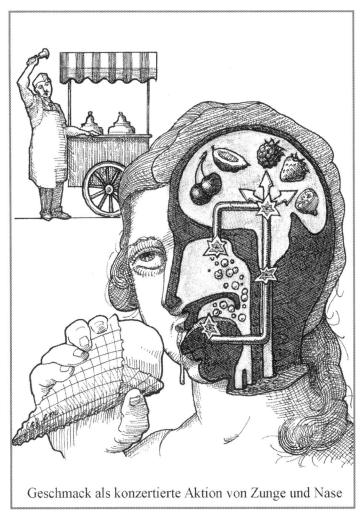

Geschmack als konzertierte Aktion von Zunge und Nase

steht noch aus. Mit dem Salz-Rezeptor schließt sich der Kreis. Er zeigt Mineralstoffe an, doch warnt die »versalzene Suppe« durchaus auch vor Übermaß.

Für den Geschmacksgenuss ist allerdings die Nase weit wichtiger als die Zunge. Flüchtige Aromen steigen durch den Rachen in die Nase und regen die Geruchsrezeptoren an. Deshalb schmeckt bei Schnupfen alles fad.

Ist unser Geruchssinn gestört, gilt Gleiches zwangsläufig auch für den Geschmack. Erstaunlicherweise genügen bei den meisten Lebensmitteln Mischungen von nur drei bis 40 der etwa 10 000 riechbaren Stoffe, um ein charakteristisches Bukett zu erzeugen. (»*Angewandte Chemie*«, Bd. 126, S. 7250)

Doch der Geschmack wird noch von weiteren Reizen im Mund beeinflusst. Temperatur und Konsistenz der Nahrung etwa. Und die Schärfe der Nahrung erfasst ein Schmerz-Rezeptor, der gleichzeitig ein Hitzesensor ist. Kein Wunder also, dass wir bei Chili ins Schwitzen geraten.

Alle Geruchsrezeptoren sowie die Rezeptoren für süß, bitter und umami gehören dem gleichen Typ an. Die Aromen werden an der Zelloberfläche gebunden und gelangen nicht in die Zellen hinein. Anders bei salzig und sauer, deren Rezeptoren vermutlich Ionenkanäle sind. Die Geschmacksempfindung formt sich erst im Gehirn durch Synthese der Sinneseindrücke aus Nase und Mund.

So ist das, was uns als Geschmack gilt, Resultat eines äußerst komplexen Wechselspiels unserer Sinne, bei dem angemessener Sicherheitscheck und entspannter Genuss sich wirkungsvoll ergänzen

Noch einen Espresso für meine Leber

»Nicht für Kinder ist der Türkentrank, schwächt die Nerven, macht das Herze krank …«, heißt es in

der Bachschen Kaffee-Kantate. Das ist, nun ja: falsch!

Zwei bis drei Tassen täglich sind offenbar urgesund: Die Zahl von Leberkrankheiten wird verringert, die generelle Mortalität gesenkt. Kaffee hat eindeutig leberschützende (*hepatoprotektive*) Eigenschaften. Er enthält über einhundert chemische Verbindungen, die alle dafür verantwortlich sein könnten, wahrscheinlich mehrere davon im Verbund. Da gibt es großen Forschungsbedarf!

Die Substanzen Koffein, Cafestol und Kahweol scheinen außerdem Antikrebseffekte zu haben. Kaffee galt lange Zeit als sehr ungesund: Das Herz schlägt nach Koffein-Gabe hektischer. Nach 18 Uhr getrunken, habe ich zum Beispiel zuverlässig eine schlaflose Nacht.

Interessant: Die Finnen trinken durchschnittlich weltweit den meisten Kaffee. Jeder Finne verbraucht etwa zwölf Kilo Kaffeebohnen jährlich. Finnische Forscher fanden heraus, dass hoher Koffeinkonsum die Bildung eines speziellen Leberenzyms besonders bei Männern beeinflusst, die viel Alkohol trinken.

Das Enzym γ-Glutamyl-Transferase (GGT) findet sich dann in erhöhter Konzentration im Blut; die Leber ist geschädigt. Bei sehr viel Alkohol und gleichzeitig mindestens vier Tassen Kaffee täglich war allerdings die GGT-Konzentration im Blut weniger stark erhöht.

Die untersuchten Probanden wurden zu 3,7 Prozent als schwere Trinker eingestuft. Diese Gruppe hatte die

Gut für einen, schlecht für die anderen, Abgleich?

www.biolumne.de

© RenMing 2014

höchsten Blutwerte für GGT. Wer übermäßig Alkohol zu sich nahm, aber gar keinen Kaffee trank, hatte die höchsten GGT-Werte. Aha, Leberschaden! Wer mehr als fünf Tassen Kaffee täglich trank, hatte deutlich niedrigere

GGT-Konzentrationen im Blut. Doch halt! Alkohol wird durch reichlichen Kaffeekonsum nun keineswegs gesünder.

Der schwarze Trank bietet noch mehr: So soll bei Kaffeetrinkern das Risiko, an Altersdiabetes (Diabetes Typ 2) zu erkranken, um rund die Hälfte geringer sein.

So weit, so gut. Doch kann Kaffee süchtig machen?

Typische Sucht-Symptome wie bei Alkohol oder Drogen treten nicht auf. Die Dosis muss nicht ständig erhöht werden.

Kaffeetrinker verlieren auch kaum die Kontrolle über ihren Konsum. Allerdings bilde ich mir ein, mein Gehirn arbeite ohne den morgendlichen Kaffee langsamer.

Psychologie? In den USA trank ich vor etlichen Jahren versehentlich einen Kaffee nach 18 Uhr und konnte die ganze Nacht kein Auge schließen. Schrecklich! Am nächsten Morgen erklärten mir meine betrübten US-Gastgeber auf Anfrage: Ich hatte (entkoffeinierten) DECAF bekommen, null Koffein!

PS: Diese koffeingetränkte Biolumne wurde nicht von Starbucks finanziert!

»Brot und Spiele« in dünner Luft

13.09.14

In den frühen Tagen der Luftfahrt, so liest man, wurde opulentes Essen wie heute auf Kreuzfahrten serviert. Die Flugzeuge flogen nicht hoch und nicht schnell, und kulinarisches Entertainment war angesagt.

Das hat sich drastisch geändert. Nicht nur durch die Einführung der Economy Class, auch weil unser Geschmack so sensibel ist. Bei Flughöhen bis 12 Kilometer wird ein Überdruck in der Kabine erzeugt, der etwa dem in 2000 Metern Höhe entspricht. Das reicht, um normal zu atmen, doch nicht, um normal zu schmecken.

Zudem entspricht die niedrige Luftfeuchtigkeit Wüsten-Bedingungen. Das erzeugt Durst und trocknet die Schleimhäute, auch die der Nase, schnell aus, was unseren Geruchssinn beeinträchtigt. Da der aber ganz wesentlich das Geschmackserlebnis bestimmt, leidet auch der Geschmack.

Nicht genug damit. Zwar entgehen moderne Flugzeuge meist appetitzügelnden Luftlöchern; das kann jedoch nichts daran ändern, dass in dünner, trockener Luft das Geschehen an unseren Geschmacksknospen kräftig durcheinandergewirbelt wird!

Einzig der vor Gefahr warnende Bitter-Geschmack bleibt unverändert. Der Umami-Geschmack, und damit die Fähigkeit, Eiweiße oder dessen Baustein Glutamat wahrzunehmen, ist nur leicht verringert.

Doch unsere Rezeptoren für salzig und süß sind stark beeinträchtigt und benötigen beim Flug sehr viel stärkere Reize! So schmeckt normal Gewürztes an Bord meist fad

und lasch. Und schließlich nicht zu vergessen: Die Bedingungen für warmes Essen an Bord sind wahrlich nicht gut. Durch die Klimaanlage und das ständige Umwälzen der Luft wird jedes Mahl schnell trocken und kalt. Was tun?

Die einhellige Antwort der Sky-Chefs: viel cremige Sauce! So ist es kein Zufall, dass sich auf Langstreckenflügen oft Boeuf Stroganoff, Hühnerfrikassee oder Vergleichbares in der Assiette befindet. Und es scheint auch kein Zufall, dass Tomatensaft in der Höhe einen geradezu magischen Reiz gewinnt. Tomaten enthalten viel Glutamat. Dessen Würzkraft, gesteigert durch Pfeffer und Salz, beschert plötzlich ganz unerwartete Gaumenfreuden.

Schwierig ist es, dem Ungleichgewicht der Geschmacksqualitäten generell zu begegnen. Natürlich wird stärker gesalzen und gewürzt und oft auch die Oberfläche des Essens mit Käse »versiegelt«. Doch das steigert den Durst und senkt die Bekömmlichkeit, was nicht gerade erstrebenswert ist!

Daneben gibt es die kostensparende amerikanische Variante: Vor dem Flug eine freundliche Ansage, sich mit Proviant selbst zu versorgen. Dann verantwortet man letztendlich auch das geschmackliche Missvergnügen ganz allein.

Bei der *Economy Class* scheinen viele Fluggesellschaften längst diesem Konzept zu folgen.

Statt über gesundes und gleichzeitig schmackhaftes Essen nachzudenken, wird zunehmend auf elektronisches statt kulinarisches Entertainment gesetzt, um die immer dichter gestapelten Passagiere bei Laune zu halten.

Taggespenster

Das Wort Spektrum bedeutete bei den alten Römern Gespenst. Tatsächlich ist der größte Teil der Wellen des elektromagnetischen Spektrums für uns gespenstergleich unsichtbar.

Nur für einen schmalen Bereich hat uns die Natur mit Photorezeptoren bedacht. Diesen Bereich nennen wir deshalb das sichtbare Licht. Verblüffenderweise sind unsere Lichtrezeptoren ähnlich wie die des Geruchssinns aufgebaut. Aber wie kann ein Rezeptorprotein, das sonst Moleküle bindet, plötzlich substanzlos erscheinende Wellen einfangen?

Ein Protein allein vermag das tatsächlich nicht. Die Evolution hat mit dem Vitamin A einen Ausweg gefunden. Vitamin A kann Licht im sichtbaren Bereich absorbieren.

Dabei wird das zunächst gewinkelte Vitamin-Molekül durch die Lichtenergie ausgestreckt – es ist, als ob das Licht einen Kippschalter betätigt. Auf diesem Effekt beruhen Photorezeptoren, bei denen ein Protein mit Vitamin A fest verbunden ist; so fest, dass sich beim »Kippen des Schalters« auch die Struktur des Proteins verändert.

Da sich das Protein ganz durch die Membran erstreckt, wird dadurch der Lichtreiz ins Zellinnere gemeldet. Der setzt dort sofort eine komplizierte Weiterleitungs-Kaskade in Gang. Umgewandelt in ein elektrisches Signal, gelangt der Reiz ins Gehirn und wird dort als Licht interpretiert. Die Photorezeptoren befinden sich in speziellen Netzhautzellen des Auges.

Diese Zellen sind in Stäbchen und Zapfen geschieden. Zapfen sind mit Rot-, Grün- oder Blaurezeptoren ausgestattet.

Allen Rezeptoren gemeinsam ist der Grundbaustein Vitamin A. Der Unterschied beruht einzig auf der

Aminosäure-Zusammensetzung der angekoppelten Proteine, denn diese beeinflussen die Wellenlänge, bei der das Vitamin Licht absorbiert. Die unterschiedliche Aktivierung der Rezeptoren nehmen wir als Farben wahr. Bei gleichmäßiger Aktivierung hingegen sehen wir weiß oder grau.

Allerdings haben nicht alle Tiere drei Farbrezeptoren. Vögel besitzen sogar vier und können auch UV-Licht sehen. Wer weiß, wie prächtig so ein Spatzenmann seine uns unscheinbar dünkende Spätzin wohl sieht? Andere Tiere wiederum sind schlechter bedacht. So verfügen Hunde und Katzen bloß über zwei Rezeptoren, was etwa einer Rot-Grün-Blindheit entspricht. Robben sehen mit nur einem Rezeptor die Welt einfarbig.

Damit geht es ihnen ähnlich wie uns in der Dämmerung und im Dunkeln. Denn dann reicht das Licht nicht mehr aus, die Rezeptoren der Zapfen zu aktivieren. Dafür springen die lichtempfindlicheren Stäbchen ein. Die aber gibt es lediglich mit einem einzigen Rezeptortyp: Rhodopsin oder auch Sehpurpur genannt. Damit ist keine Farbdifferenzierung mehr möglich – und so sind nachts tatsächlich alle Katzen grau.

So ist unser Sehvermögen, gemessen an den biologischen Möglichkeiten, zwar nicht das beste, aber auch nicht schlecht.

Und dank dem Fortschritt der Technik hat der Mensch nicht nur längst das ganze Spektrum der elektromagnetischen »Gespenster« erkundet, sondern sie sich auch als Radio- und Mikrowellen oder Röntgenstrahlung zu dienstbaren Geistern gemacht.

Ein akzeptables Getränk?

Die spezifische Rezeptur einer jeglichen Cola mag wohl geheim sein. Doch die generelle Geschmacksgrundlage ist es nicht. Die wird meist von Phosphorsäure geliefert. Aus ihr bilden sich in Wasser Phosphat- und Wasserstoff-Ionen. Letztere machen das Wasser so sauer wie Essig und man kann es unmöglich pur trinken. Das wird durch Süßen ausbalanciert. Dass dazu 40 Stück Würfelzucker pro Liter notwendig sind, ist sattsam bekannt. Damit enthält eine Literflasche etwa ein Viertel des kalorischen Tagesbedarfs.

Und auch die Bakterien im Mund partizipieren am Zucker. Sie bilden aus ihm klebriges Dextran, einen Grundstoff des Zahnbelags. Und sie bilden Säuren. Die verstärken die ätzende Wirkung, die allein die Phosphorsäure schon hat. Man spürt das am Stumpfwerden der Zahnoberflächen. Ähnliche Probleme bereiten auch viele andere Getränke, selbst der beliebte Orangensaft. Und die durch Zucker verursachten Probleme kann man durch Ersatzstoffe vermeiden. Doch diese Süßmittel werden kontrovers diskutiert und vor allem – sie ändern nichts am Phosphorsäuregehalt.

Wieder einmal ist die Dosis entscheidend, denn eigentlich ist Phosphat unverzichtbar für uns. Das meiste findet sich in den Kristallen der Knochen und Zähne. Auch ist es Bestandteil der Erbsubstanz, des ATPs (Adenosintriphosphat) und anderer organischer Verbindungen. Die Bindung von Phosphat reguliert den Funktionszustand vieler Proteine. Natürlich kommt es auch frei vor,

18.10.14

im Plasma von Zellen und Blut. Phosphat ist fast in allem Essbaren enthalten und so ist das knappe Gramm, das wir täglich benötigen, kein Problem. Doch ein Zuviel an Phosphat birgt arge Probleme! Und das ist bei Cola der Fall.

Im Darm stört zu viel Phosphat die Kalziumaufnahme empfindlich. Es bildet mit Kalzium ein unlösliches Salz, das nicht resorbiert werden kann. Geschieht das häufig, fehlt Kalzium zuerst für die Knochen. Das kann, vor allem bei Frauen, das Risiko für Knochenbrüche und Osteoporose befördern.

Auch im Blut kann zu viel Phosphat schaden. Deshalb scheiden die Nieren alles Überschüssige schnell wieder aus. Das wird durch Hormone streng kontrolliert und funktioniert bei gesunder Niere auch gut. Dazu wird das Hormon *FGF23* bei Phosphatbelastung vermehrt gebildet. Als Folge steigt die Phosphat-Ausscheidung, das ist schon länger bekannt. Doch jetzt wurde eine für uns dunkle Seite dieses Hormons offenbar (DOI: 10.1002/emmm.201303716). Es bewirkt auch, dass Natrium verstärkt aus dem Harn rückresorbiert wird. Anders gesagt, häufiger Genuss von Cola birgt die Gefahr, den Natrium-Gehalt im Blut zu erhöhen. Das steigert das Herz-Kreislauf-Risiko all derer, die von Natrium-abhängigem Bluthochdruck betroffenen sind.

Und Positives? Selbst die oft gepriesene Wirkung bei Durchfallerkrankungen ist nicht zu bestätigen. Da ist man mit einer Prise Salz in Tee und Zwieback allemal besser beraten.

Cola steht wie kein anderes Getränk für den Lebensstil der westlichen Welt. Immerhin scheint sie vielen zu schmecken. Schade, dass nicht mehr Gutes über sie zu sagen ist.

Gérard Depardieu, Kinoheld in der DDR (unter anderem im erfolgreichen Zweiteiler »1900« als italienischer Kommunist) und heute Steuerflüchtling in Russland, schreibt in seiner recht offenherzigen Autobiografie, er konsumiere 14 Flaschen Wein, Bier und Pastis – am Tag!

Trinkfest und gar nicht arbeitsscheu

01.11.14

Ein deutsches Massenblatt hat flugs ausgerechnet, dass er damit einen Promillewert von 14,97 im Blut haben müsste. Alkohol-Hefen freilich halten da mehr aus. Sie sterben erst bei Konzentrationen von 9 bis 20 Prozent ab.

Für Hochprozentiges muss man das Produkt gewöhnlicher Hefen »brennen«: Ein Ethanol-Wasser-Gemisch siedet bereits bei 78 °C (Wasser erst bei 100 °C). Deshalb verdampft bei Erhitzung zuerst ein Gemisch aus 95,6 Volumenprozent Ethanol und 4,4 Prozent Wasser. Der Dampf wird kondensiert beim Abkühlen und man erhält Branntwein.

Hefen (*Saccharomyces cerevisiae*) produzieren zwar Alkohol, aber nur wenn der Sauerstoff knapp ist. Das nennt man Gärung. Bei ausreichend Sauerstoff »veratmen« sie dagegen Zucker (wie Menschen auch) zu CO_2, Wasser und Energie.

Im US-Fachblatt »*Science*« (Bd. 346, S. 71 & 75) werden nun in zwei Artikeln »abgehärtete« Hefen beschrieben. Die Stoffwechsel-Ingenieure experimentierten zunächst mit Kaliumsalzen und erhöhten den pH-Wert der Hefe-Umgebung. Gregory Stephanopoulos und sein Team vom MIT waren damit erfolgreich und veränder-

ten so die Zellmembranen der Hefe. Die Membranen besitzen Protonen(H^+)- und Kaliumpumpen. Wenn man diese Pumpen zusätzlich noch gentechnisch verstärkte, produzierten die Hefen auch mehr Alkohol – bis zu 80 Prozent mehr.

Die Gruppe von Jens Nielsen an der Chalmers Technischen Uni Göteborg (Schweden) konzentrierte sich dagegen auf Wärmetoleranz. Hefen sind bei 30 °C am produktivsten. Biosprit verlangt aber höhere Temperaturen. Der Alk könnte gleich destilliert werden! Außerdem muss gegenwärtig viel Energie für die Kühlung der Hefen aufgewendet werden, denn Fermentationen erzeugen außer Alkohol immer auch Wärme.

Das Team kultivierte drei Populationen von Hefen zuerst bei 40 °C. Nach mehreren hundert Generationen (eine Art Mini-Evolution) sequenzierte man das Genom der verschiedenen Hefen. Der DNA-Gesamtkatalog zeigte Mutationen; aber allen gemeinsam war das veränderte Gen ERG3. Es codiert in der DNA das Enzym Steroldesaturase. Das Enzym wiederum produziert Ergosterol, das die Durchlässigkeit von Membranen erhöht. Nun sind 40 °C immer noch zu niedrig, 60 °C und höher werden angepeilt.

Auf dass dem guten Gérard in der russischen Kälte nicht der Stoff ausgeht!

Ebola ante portas ... Zerberus wacht

AIDS erschien 1981 als völlig neue, durch Blut und Sexualkontakte übertragbare Erkrankung.

Heimtückischerweise verzögert sich der Ausbruch der Krankheit nach der Ansteckung mit dem Humanen Immundefizienzvirus (HIV) jahrelang. Auch nach mehr als 30 langen Jahren intensivster Forschung ist es nicht gelungen, durch eine prophylaktische Impfung die weitere Verbreitung des Virus einzudämmen oder gar zu verhindern. Doch AIDS zwang auch zu neuen Strategien für die Virussicherheit bei Bluttransfusionen.

Durch zusätzliches Testen der Blutproben auf HIV-Antikörper konnte das Problem bis auf die »diagnostische Fensterperiode« verkleinert werden. Das ist die Zeit, in der Betroffene zwar infiziert (und infektiös!) sind, aber noch keine Antikörper gebildet haben. Das Problem: Dieser Test ist erregerspezifisch.

Der Krankheitserreger muss also bereits erkannt sein und ein entsprechender Screening-Test zur Verfügung stehen. Deshalb dauerte es vom Auftauchen des HI-Virus in der westlichen Welt bis zum Einsatz des HIV-Antikörper-Screenings noch bis zum Jahre 1985.

Die Medizinische Universität Innsbruck setzt seit 1986 auf eine zusätzliche Strategie: Neben den üblichen Testverfahren wird seither jede Blutspende zusätzlich auf ihren Neopterin-Gehalt untersucht. Neopterin ist ein Stoff der sogenannten zellulären Immunantwort. Er wird von Fresszellen (Makrophagen) des menschlichen Immunsystems vermehrt nach Virusattacken gebildet.

www.biolumne.de   © Renming & Viola

Ein Neopterin Anstieg bedeutet: SOS! Akuter Virus-
befall! Er spricht besonders bei frischen Infektionen mit
allen Viren sehr rasch an.

Die Konzentrationen im Blut steigen weit vor der Bildung der spezifischen Antikörper an, nach denen im üblichen Screening gesucht wird. Knapp zwei Prozent der Blutspenden in Österreich werden so von der Transfusion ausgeschlossen.

Ein entscheidender strategischer Vorteil des Neopterin-Tests ist, dass er auch neu auftretende oder mutierte Viren erfassen kann. Aufgrund der positiven Erfahrungen mit dem Neopterin-Screening in Tirol wurde es Mitte der 1990er Jahre auf die ganze Nation ausgedehnt. Österreichisches Blut gilt als das sicherste Spenderblut der Welt!

Bei mit Ebola-Viren infizierten Patienten wurden durch französische Wissenschaftler bereits 2002 erhöhte Neopterinspiegel im Blut nachgewiesen. Je höher das Neopterin, desto schwerer die Infektion.

Eine Ansteckung z.B. mit dem Ebola-Virus führt zu einem Anstieg der Neopterinkonzentration im Blut und Urin. Durch Neopterin-Screenings wird ein strenger Zerberus vor neuen Viren postiert.

Das Hormonorchester

Es ist ein großes Konzert, das die Hormone lebenslang in uns spielen. Ihr Auftreten ändert sich rhythmisch in der Zeit. Ständig finden sie im Körper in wechselnden Verhältnissen zueinander. Und manchmal tritt eines dominierend hervor.

Durchaus nicht alle Hormone stammen aus Drüsen. Das Fettgewebe etwa hat sich als wichtiger Bildungsort entpuppt, das Hormone über das Blut zu anderen Zellen und Organen schickt. Und lokal tauschen einzelne Zellen wie Leukozyten Gewebshormone genannte Substanzen aus. Was sind das für wundersame Verbindungen, die chemische Kommunikation ermöglichen?

Jedenfalls keine Exoten. Viele werden aus Aminosäuren gebildet. Entweder werden einzelne chemisch modifiziert wie beim Adrenalin oder mehrere verbinden sich zu einem Peptid wie etwa beim Insulin. Die Muttersubstanz anderer ist Cholesterin. Deshalb werden sie Steroide genannt. Dazu gehören Cortisol, die Sexualhormone und selbst das Vitamin D. Schließlich leiten sich etliche von Fettsäuren ab, wie zum Beispiel viele Gewebshormone.

Nur wenn eine Zelle einen entsprechenden Rezeptor besitzt, kann ein Hormon auf sie wirken. Oft besitzen Zellen verschiedener Organe für dasselbe Hormon unterschiedliche Rezeptoren.

So können Hormone an verschiedenen Orten durchaus gegensätzlich wirken. Doch selbst eine einzige Zelle kann für das gleiche Hormon mehrere Rezeptortypen besitzen. So ergibt sich allein für ein Hormon eine ganze

Klaviatur! Und es wirken gleichzeitig verschiedenste Hormone auf eine einzige Zelle, was ihre konzertante Wirkung ergibt.

Die Rezeptoren sind Proteine. Für Steroide, die die Lipidbarriere einer Membran durchdringen, befinden sie sich in der Zelle. Doch für die Hormone, die gut wasserlöslich sind – und das sind die meisten – durchspannt der Rezeptor die Zellmembran. Sein Bindungsort ragt aus der Zelle heraus und dort dockt das Hormon auch an.

In beiden Fällen werden im Zellinnern Signalkaskaden ausgelöst, bei denen ein Faktor den nächsten aktiviert. Dabei wird die Botschaft weniger Hormonmoleküle dramatisch vervielfältigt.

Am Ende der Kette löst das unterschiedlichstes Geschehen aus: Viele Hormone beeinflussen die Ablesung von Genen.

Andere Kaskaden beeinflussen die Wirkung anderer Proteine, darunter vieler Enzyme. So regeln Hormone auf vielen Ebenen die Prozesse, aus denen unser Leben besteht: Embryonalentwicklung und Fortpflanzung ebenso wie Wachstum, Stoffwechsel oder Stressreaktionen. Und selbst unsere Gefühle und unser Verhalten werden von ihnen maßgeblich beeinflusst.

Dirigiert wird das Hormonorchester vom Gehirn. Hier ist es auch mit der nervalen Regulation verknüpft. Den Taktstock schwingt letztendlich die Hypophyse. Nebenbei pfeifen Adrenalin und ein paar Gewebshormone ihr eigenes Lied.

Die Hormone des Körpers bewirken eine Rückkopplung zum Dirigenten und so ergibt sich ein selbst regulierendes System. Wohlbekannt ist der Komponist dieses großartigen Konzerts – es ist die Evolution.

Die Stressfeuerwehr

Adventsnachmittag. Kerzenschein. Plötzlich brennende Tannenzweige! Aufspringen und Löschen

sind eins. Dann – Herzklopfen, schnelles Atmen, Muskelanspannung und Schwitzen.

Das war Adrenalin! Das kleine Molekül erzwingt, dass wir blitzschnell auf eine Gefahr reagieren. Und auch die dazu benötigte Energie wird gleich mitmobilisiert.

Adrenalin wird sowohl im Nebennierenmark als auch in Neuronen des vegetativen Nervensystems aus der Aminosäure Tyrosin auf Vorrat gebildet. Bei Schreck wird es ausgeschüttet und wirkt gleichzeitig als Hormon und als Nervenbotenstoff (Neurotransmitter). Als Hormon der Nebennierenrinde gelangt es über das Blut zu den Organen und aktiviert viele Reaktionsketten. Als modulierender Neurotransmitter vermittelt es an Synapsen, zusammen mit dem sehr ähnlichen Noradrenalin, die unbewusste Wirkung der Nerven auf die Organe.

Adrenalin besitzt ein so breites Wirkungsspektrum, weil es gleich mehrere unterschiedliche passende Rezeptoren gibt, die alpha-, und beta-Adrenorezeptoren. Je nach Organ weicht die Rezeptorausstattung der Zellen zum Teil stark voneinander ab. Doch so unterschiedlich sie auch sind, alle gehören zur gleichen Rezeptorfamilie. Nicht verwunderlich also, dass die ersten Schritte sich immer gleichen: Ein Adrenalinmolekül bindet an einen Rezeptor und ändert dessen Struktur. Dadurch kann ein G-Protein genanntes Eiweiß gebunden und aktiviert werden. Da die unterschiedlichen Adrenorezeptoren der

Zellen verschiedene G-Proteine binden, können nachfolgend unterschiedlichste Alarmketten gesteuert werden.

Und das ist schon das generelle Prinzip – ein Protein aktiviert das nächste. Zwar bindet ein Hormonmolekül nur an einen einzigen Rezeptor und der nur ein G-Protein, aber da in der nachfolgenden Kette viele der aktivierten Proteine Enzyme sind, wird das Startsignal lawinenartig vervielfältigt. So werden in Sekundenbruchteilen vielfältige Prozesse ausgelöst, die unseren Schutz sichern.

Wichtiger Schauplatz dabei ist die Leber. Hier ist Glucose als Glykogen gespeichert.

Bei Schreck wird Glucose freigesetzt und schnell über das Blut zu Hirn und Muskeln geschafft, um dort – ob zum Kampf oder zur Flucht – Energie zu liefern. Und damit die Glucose nicht knapp wird, wird gleichzeitig ihre Neubildung intensiviert.

Parallel wird im Fettgewebe die Energiereserve Fett mobilisiert. Um Zucker und Fettsäuren ordentlich verwerten zu können, benötigen die Zellen ausreichend Sauerstoff. Auch dafür sorgt Adrenalin. Es steigert die Atmung. Und das Herz-Kreislaufsystem wird so reguliert, dass sich der Herzschlag beschleunigt und der Blutdruck erhöht – so kann mehr Sauerstoff transportiert werden.

Doch die Wirkung von Adrenalin währt nur Minuten, denn es wird schnell wieder abgebaut. Vorher jedoch sorgt es rasch noch dafür, dass wir auch länger andauerndem Stress widerstehen können. Dazu steigert es die Synthese und Ausschüttung des Hormons Cortisol.

Aber um schnell ein paar brennende Tannennadeln zu löschen, reicht uns allein die Wirkung des Adrenalins.

Vorsatz für 2015: Sport ... und Rotwein

Prosit Neujahr! Das Projekt »In vino veritas« (lat.: Im Wein liegt Wahrheit) ist eine Studie, die bewusst menschlichen Probanden Wein eingießt und dann die Gesundheitseffekte misst.

Die ersten Ergebnisse gab es nun bei der European Society of Cardiology auf ihrem Jahreskongress in Barcelona. Viele Studien hatten zuvor bereits gezeigt, dass mäßige Weintrinker gesündere Herzen als Abstinenzler haben. Leiter des Projektes war Miloš Táborský, Chef der Kardiologie am Palacký-Universitätskrankenhaus im tschechischen Olomouc.

Ein Jahr lang tranken die 146 Probanden nicht etwa tschechisches Bier, sondern fünfmal in der Woche »moderate« Mengen Wein, die Männer 0,3 bis 0,4 Liter täglich (2 bis 2,5 Gläser), Frauen 0,2 bis 0,3 Liter (1 bis 2 Gläser). Sie mussten exakt Tagebuch führen. Die Hälfte der freiwilligen Trinker konsumierte Pinot Noir, die andere weißen Chardonnay.

Das Weintrinken allein beeinflusste allerdings nicht den Blutspiegel von Cholesterol, Glucose, Triglyceriden oder Entzündungs- und Infarktrisiko-Markern wie dem C-reaktiven Protein (CRP). Funktionstests der Leber zeigten Werte im Normalbereich.

Dann aber untersuchte Táborský Menschen mit gleichzeitigem Fitnesstraining. Diejenigen mit zweimaligem Training pro Woche plus Wein verbesserten nach einem Jahr dramatisch das »gute« Cholesterol HDL und senkten das »schlechte« LDL unabhängig davon, ob sie

Rot- oder Weißwein getrunken hatten. Ergo: »Moderates Weintrinken schützt aber nur Menschen, die sich gleichzeitig körperlich fit halten.« Sind es nun, wie bisher allgemein geglaubt, die Antioxidanzien wie Polyphenole in der Schale der Trauben, die gefährliche freie Radikale neutralisieren?

Rotwein in der »In vino veritas«-Studie hatte immerhin zehnmal mehr Polyphenole als Weißwein und sechsmal mehr Resveratrol. Beide waren aber gleich effektiv. Táborský meint nun, es sei vielleicht doch der Ethylalkohol in niedriger Konzentration, der diese Effekte verursacht. Er gibt aber auch zu bedenken, dass 3,3 Millionen jährlich weltweit an Alkoholfolgen sterben.

Die Studienteilnehmer mussten übrigens nachweisen, dass sie den kostenlosen Wein echt getrunken und die Studienweinflaschen nicht etwa weiter verkauft hatten. Wie das nachweisen? Die Korken der Studienflaschen abliefern!

Patentidee in Weinlaune: 2015 alle Korken aufheben und korrekt am Kalender mit den Fitnessterminen befestigen!

Wieviel soll man arbeiten?

Der Biolumnist RR ist bekennender *Workoholic*. Eines hat ihm das neben der Professur schon eingebracht:

10.01.15

einen saftigen Herzinfarkt! Aber selbst den hat er sofort mit seinem Bio-Test gemessen und begeistert wissenschaftlich ausgewertet.

Nun fiel ihm ein Blog von Joe Chung auf. Der Managing Director der US-Beraterfirma Redstar Ventures titelt: »*How much should I work?*« (Wieviel sollte ich arbeiten?)

Chung zeigt eine simple Kurve: Die x-Achse zeigt die Zahl der täglichen Arbeitsstunden an, die y-Achse die Produktivität in Prozent. Null ist natürlich auch null produktiv und 24 würde bedeuten: rund um die Uhr ohne Schlaf – man wäre wohl ziemlich bald mausetot! Negative Produktivität wird hier nicht berücksichtigt. Über 100 Prozent kann die Kurve auch nicht steigen.

Joe Chung schreibt nun: »Wenn man aber 12 Stunden pro Tag arbeitet, macht man mehr Fehler, vergisst vieles, erzeugt Missverständnisse, letztendlich Mehrarbeit usw. Schlimmer noch, das geht auf Kosten des Schlafes, der Mahlzeiten, der psychischen und physischen Hygiene ... Die Produktivität sinkt, Fehler häufen sich, wichtige E-Mail bleiben unbeantwortet, bedeutende Treffen werden vergessen ... Permanent schlechte Laune und schlechter Körpergeruch ...«

Nun die faszinierende Idee von Joe: »Die Produktivität von 25 Prozent bei 18 Stunden pro Tag könnte man in d r e i Stunden pro Tag ebensogut erreichen. Und das mit einer weitaus angenehmeren körperliche Ausstrahlung im

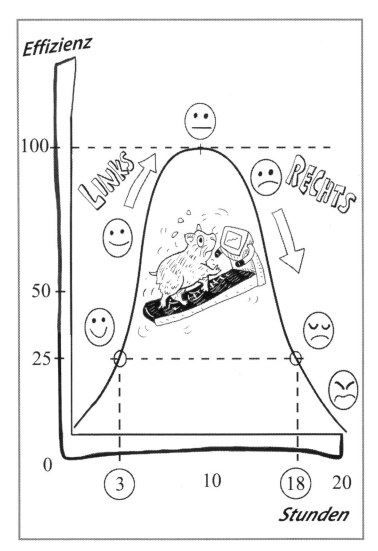

gemeinsamen Fahrstuhl ...« RR erinnert sich da sofort an seinen DDR-»Stabü«-Lehrer, der den Schülern drei Stunden Arbeitszeit (natürlich erst im vollendeten Kommunismus) prophezeite ...

Die US-Amerikaner leiten furchtbar gern allgemeine Lebensregeln ab, hier die von Joe Chung:

1. Versuche, nicht zu weit auf der rechten Seite der Kurve zu sein. Erkenne die Signale abnehmender Produktivität, indem du Rückkopplungen von den Leuten erfragst, mit denen und für die du arbeitest. Wenn sie alle sagen » *You're working too hard*!«, dann ist das wohl so!

2. Experimentiere selber! Du brauchst einen Satz von Daten, aus dem du Schlussfolgerungen ziehen kannst. Also Ausprobieren von verschiedenen Arbeitsintensitäten und -zeiten (wenn das in deinem Job überhaupt geht!) und dann die eigene Produktivitätskurve erstellen.

Und nun der Clou:

3. Versuche möglichst, auf der Linken zu bleiben. Es ist besser als mit einem *Burnout* zu enden!

Joe Chung, ein (vermeintlich) unpolitischer Yankee (wie sie fast alle von sich glauben), schreibt naiv den überraschenden Satz: »Man ist also immer auf der besseren Seite links als rechts!«

Die Devise des britischen Hosenbandordens lautet ursprünglich auf altfranzösisch » *Honi soit qui mal y pense*«. (Ein Schelm, wer Böses dabei denkt)

Alles Gute im Neuen Jahr! Und: Bleiben Sie gesund!

Cortisol gegen Stress

Hektik, Überforderung, quälende Gedanken – irgendwann erlebt das wohl jeder. Stress zu bewältigen erfordert gebündelte Energie. Es ist das Cortisol, das in solchen Situationen aus dem Kanon aller Hormone hervortritt und unseren Stoffwechsel und selbst unser Verhalten dominiert.

Doch für gewöhnlich wird Cortisol ganz regelmäßig als lebensnotwendiges Hormon in einem 24-Stunden-Rhytmus gebildet. Während des Morgenschlafes regt das Gehirn die Hypophyse an, ACTH (adrenocorticotropes Hormon) über das Blut an die Nebennierenrinden zu senden. Die beginnen daraufhin unverzüglich, aus Cholesterin Cortisol zu bilden und es ins Blut zu bringen.

Entsprechend ist die Cortisolkonzentration im Blut am Morgen am höchsten und sinkt, trotz mehrfacher weiterer Ausschüttungen, bis Mitternacht auf ein Minimum.

Es wird vermutet, dass uns dieser Prozess beim Erwachen eine hohe Leistungsfähigkeit sichert, denn das Hormon bewirkt vor allem einen Zufluss von Glucose ins Blut und stellt damit den Energielieferanten für Hirn und Muskeln bereit.

Wie wirkt Cortisol im Körper? Es wandert aus dem Blut in die Zellen und verbindet sich dort mit einem Rezeptor. Dieser Komplex lagert sich im Zellkern an die Erbsubstanz, die DNA, an. Auf diese Weise werden unterschiedlichste Gene aktiviert und so neue Proteine, darunter viele Enzyme, gebildet. Dazu gehören vor allem solche für die Glucoseneubildung, aber auch solche für

„Störe mir meine Regelkreise nicht!"

den Protein- und Fettabbau. Da die Zellen vieler Organe Cortisolrezeptoren besitzen, kann das Hormon vielfältigste Wirkungen entfalten.

So unterdrückt es auch immunologische und entzündliche Vorgänge im Körper.

Was ändert sich, wenn in uns Stressalarmglocken schellen? Jegliche psychische und physische Belastung signalisiert im Gehirn einen zusätzlichen Energiebedarf. Dieser Alarm führt letztlich stets zu ACTH-Ausschüttung und folglich zu Cortisolbildung.

Bei Stress ist somit der Cortisolspiegel ganz unabhängig von der Tageszeit deutlich erhöht. Die Folgen: Der Blutzucker steigt an. Aminosäuren, geliefert von Muskeleiweißen, werden dazu in Glucose umgewandelt, die benötigte Energie liefern die Fette.

Cortisol übernimmt so bei andauerndem Stress die Wirkung des Adrenalins und garantiert auf niedrigerem Niveau, dafür aber ausdauernd, dem Stress zu widerstehen. Gleichzeitig sorgt eine Rückkopplung durch das Hormon im Gehirn dafür, dass die ACTH-Bildung gestoppt wird und die Konzentration des Cortisols nicht ins Unermessliche steigt.

Allerdings gibt es dabei zwei unterschiedliche Gruppen von Menschen.

Bei der einen tritt bei lang andauerndem Stress eine Gewöhnung ein und die Cortisolwerte sinken. Bei der anderen zeigen sich gleichbleibend hohe Werte.

Letzteres schadet der Gesundheit, denn das kann der Körper auf Dauer nicht kompensieren. Es drohen Schlafstörungen, erhöhte Infektanfälligkeit oder gar ein erhöhtes Risiko für Diabetes und Herz-Kreislauf-Erkrankungen.

Und in diesem Falle kann Cortisol tatsächlich vom Antistresshormon zum Stresshormon werden.

Pillen und Theater

2005 schrieb RR an den Biochemiker Carl Djerassi einen ziemlich frechen Brief. Er fragte an, ob Djerassi bereit wäre, anlässlich des 50. Jahrestages des ersten oralen Verhütungsmittels, der Wunschkindpille, die die demografische Entwicklung auf unserem Planeten so maßgeblich beeinflusste, einen populärwissenschaftlichen Aufsatz für sein zukünftiges Buch zu schreiben.

07.02.15

Seit nunmehr zehn Jahren hat der große Organiker einen festen Platz als Experte in unserem Lehrbuch »Biotechnologie für Einsteiger«. Noch bis fünf Tage vor Carls Tod bestand ein reger Austausch zwischen ihm, RR und VB.

Carl wollte nicht auf seinen Beitrag zur »Pille« reduziert werden. Immerhin verdanken wir ihm auch die Synthese von Cortison aus pflanzlichen Ausgangsstoffen, die Einführung von Analysemethoden zur Unterscheidung links- und rechtsdrehender Moleküle in die organische Chemie!

Carl Djerassi war bis kurz vor seinem Tod in San Francisco ein »intellektueller Schmuggler« und ein Workaholic, der mit seinen Gastvorlesungen die bedeutendsten Hörsäle füllte; zuletzt im November und Dezember 2014 in Magdeburg und München.

Doch der emeritierte Professor für Chemie an der Stanford University war auch Romancier, Dramatiker und ein ambitionierter Kunstsammler präkolumbianischer und moderner Kunst. In Stanford waren in den letzten Jahren seine Sophomore-Literaturseminare, die er bis März 2014 für ein Dutzend handverlesener Studenten

Carl Djerassi,

"Mother of the Pill",
1923 - 2015

abhielt, äußerst begehrt. Für seine überragende Forschungstätigkeit wurde er mit hochrangigen Auszeichnungen und 34(!) Ehrendoktoraten geehrt.

Seine Wohnungen in Wien, London und San Francisco schmückten diese jedoch nicht, sondern seine geliebten Theater- und Buchposter.

Zu Carl Djerassis literarischem Nachlass zählen Kurzgeschichten, ein deutsch-englischer Gedichtband, fünf Romane, mehrere autobiographische Bände und das Buch »Vier Juden auf dem Parnass« – ein Gespräch, das sich mit Adorno, Benjamin, Scholem und Schönberg beschäftigt.

Seit 1997 widmete sich Djerassi vorrangig Bühnenwerken. Mit den Stücken »Unbefleckt«, »Oxygen«, »Kalkül«, »Phallstricke« und »Killerblumen« hat er das Genre Wissenschaft im Theater maßgeblich geprägt.

Carl Djerassi ist Gründer des *Djerassi Resident Artist Program*, einer Stiftung, die Stipendiaten aus bildender und darstellender Kunst, Literatur und Musik unweit von Woodside (Kalifornien) Wohn- und Arbeitsräume zur Verfügung stellt. Seit ihrer Gründung 1982 hat die Stiftung über 2300 Künstler beherbergt.

Anmerkung: Carl Djerassi starb 2015

Mutig nur im Team

Mit »reifen Persönlichkeiten« beschreibt man eher selten jene unappetitlichen Krabbeltiere, auf die man täglich in Hongkong stößt. Persönlichkeit umfasst ein bestimmtes soziales Verhalten: hartnäckig, mutig, bezaubernd, bescheiden, aggressiv etc.

Auf einige Wirbellose lässt sich das zweifellos anwenden: Bienen, Spinnen, Octopusse. Aber niemand hat bisher Küchenschaben darauf untersucht.

Der Name Küchenschabe, auch Kakerlake, wird für eine Reihe von Schabenarten (Familie *Blattidae*) verwendet, die in menschlichen Behausungen leben und als Vorratsschädlinge betrachtet werden.

Den Verhaltensökologen Isaac Planas-Sitjà von der Freien Universität Brüssel interessieren die Schaben, weil sie ohne Hierarchie, also relativ unabhängig, in Gruppen zusammenleben. Zur Identifizierung klebte er 304 männlichen Schaben elektronische Chips auf den Brustkorb. Ständige Biolumnen-Leser mag das an meine (RR) nummerierten Fliegen und Spatzen erinnern.

19 Gruppen mit je 16 männlichen, vier Monate alten Schaben wurden gebildet. Dreimal in der Woche wurden die „Lichtscheuen" in eine grell erleuchtete Arena gesetzt. Zwei identische Plexiglasscheiben mit Rotlichtfiltern lieferten allerdings Kreise als Fluchtorte für die Insekten. Alle 16 Schaben passten ohne Drängelei gut in die Schutzzone. Etwa drei Stunden lang maßen die Forscher nun wiederholt die Zeiten der Schaben im Fluchtort und wie lange es bis zum ersten Besuch dauerte.

Die »Angsthasen« rannten natürlich nach Betreten der Arena sofort panikartig in die Schutzzone. Die »Mutigen« erkundeten dagegen zuerst das Terrain.

In jedem Test benahmen sich beide Extreme reproduzierbar. Einmal Angsthase, immer Angsthase!

Aber am Ende jedes Experiments kauerten alle Gruppen zusammengedrängt im selben Schutzort.

Das Ergebnis war typisch für die großmäulige Amerikanische Großschabe (*Periplaneta americana*). Ob das auch für die bescheidenere, weitaus aktivere Deutsche Schabe (*Blattella germanica*) zutrifft?

Dies ist offenbar ein kollektiver dynamischer Effekt. In der (Schaben-)Gruppe kommt man letztlich immer zu einem ähnlichen Verhalten und richtet sich nach den anderen, ganz ohne Anführer. Die Gruppen-Persönlichkeit ist also nicht etwa die Summe der Persönlichkeiten. Das Ganze ist mehr als die Summe seiner Teile, sagte schon Aristoteles.

Zum Schluss eine wahre Hongkonger Anekdote:

Vor einiger Zeit verweigerte ich (RR) »mutig« als Einziger im Bereich Chemie die radikale Schabenbekämpfung mit hochgiftigen Insektiziden.

Als ich am Morgen danach mein Büro aufschloss, stockte mir der Atem: Es begrüßten mich zahllose putzmuntere Krabbeltiere aus den besprühten Zimmern meiner Kollegen. Tapfere Team-Arbeit der Schaben!

Wenig später gab es ein lautstarkes schadenfrohes Gelächter über mich naive Langnase!

Ein Erfolg der Gruppen-Persönlichkeit »meiner« Chinesen?

Die Luft wird knapp! Teil 1

14.03.15

Schon die Abwasserrechnung bezahlt? Bereits 1898 fanden die Briten heraus, wie man die Qualität von Abwasser messen kann. Wie hoch ist die Belastung an biologisch abbaubaren Substanzen im Wasser? Zucker, Eiweiße, Stärke, Zellulose und Fette – alle können durch sauerstoffliebende (*aerobe*) Mikroben zu Energie, Wasser und CO_2 abgebaut werden. Ergebnis: sauberes Wasser.

Geschirrspüler, Waschmaschinen und WC belasten die Abwässer der Haushalte. Die biologischen Stoffe darin beseitigen in deutschen Kläranlagen die erwähnten aeroben Mikroben. Wie wir auch brauchen sie den Sauerstoff aus der Luft, der sich im Wasser löst.

Nun weiß jeder Aquarien-Liebhaber, dass Sauerstoff nur sehr begrenzt in Wasser löslich ist. Deshalb blubbern die Aquarianer pausenlos feine Luftbläschen ins Wasser. Kaltes Wasser löst viel mehr Sauerstoff als warmes.

Polarmeere haben deshalb sauerstoffreichere Strömungen als warme tropische Meere. Bei 10 Grad Celsius lösen sich im Liter Wasser 6,5 Milligramm O_2, bei 30 Grad nur noch 4,6 mg O_2.

Auch deshalb sterben Fische im Hochsommer in kleinen Teichen oft an Sauerstoffmangel.

Anaerobe Mikroben übernehmen dann sofort die Macht. Diese archaischen Einzeller brauchen keinen Sauerstoff, produzieren aber giftigen Schwefelwasserstoff und Ammoniak. Das tote Wasser stinkt faulig-schweflig.

Die Briten also maßen als erste 1898 den biochemischen Sauerstoffbedarf – und zwar über fünf Tage (BSB_5).

Man nimmt eine Wasserprobe, verdünnt sie, reichert sie bis zur Sättigung mit Sauerstoff an und misst danach die Sauerstoffkonzentration mit einer Elektrode.

Danach kommen lebende Abwasser-Mikroben ins Gefäß, das dicht verschlossen wird und ohne Licht bei 25 Grad fünf Tage lang automatisch geschüttelt wird.

Was passiert in diesen fünf Tagen?

Sauberes Wasser ohne Nährstoffe bietet den hungrigen Mikroben in der Schüttelflasche keine Nahrung. Sie verharren im Schlafzustand, »halten förmlich die Luft an« und verbrauchen keinen Sauerstoff.

Anders im hochbelasteten Abwasser: Ein Mikroben-Schlaraffenland!

Die Winzlinge fressen und vermehren sich wild. Sie verzehren den hineingeblubberten Sauerstoff. Je mehr Futter sie haben, desto mehr Sauerstoff schlucken sie.

Nach fünf Schütteltagen misst man den Sauerstoffgehalt beider Proben: Unverändert hoher Sauerstoff für sauberes Wasser, nahezu kein O_2 für das belastete. Die Differenz von beiden nennt man BSB_5-Wert, den man für die zuverlässige Kontrolle und Steuerung von Klärwerken benötigt und was die fünftägige Wartezeit zum Problem macht.

Aber der BSB_5 ist immerhin der Standard seit über 100 Jahren!

Der Sensor, der aus dem Osten kam Teil 2

Der Wert, mit dem man seit mehr als 100 Jahren die Qualität von Abwasser misst, heißt BSB_5 – weil er den Sauerstoffbedarf beim Schmutzabbau über fünf Tage angibt.

28.03.15

Doch schon 1978 fragte sich der Ostberliner Mikrobiologe Dr. Klaus Riedel, ob man den Wert nicht auch in fünf Minuten messen könnte.

Riedel nahm den von Leland Clark jr. in den USA erfundenen Sauerstoffsensor und fixierte Abwassermikroben auf dessen Oberfläche. Eingeschlossen in polymere Gele lebten sie weiter. Der Sensor maß nun direkt die Atmung der Winzlinge!

Tauchte man den Biosensor in sauberes Wasser ein, geschah – nichts. Die Mikroben hatten nichts zu futtern, brauchten also auch keinen Sauerstoff. Enthielt das Wasser aber verwertbare Nährstoffe, dann wurden die Mikroben munter, verputzten das im Wasser gelöste »Futter«.

Der verbrauchte Sauerstoff wurde angezeigt: je mehr Futter, desto größer der Sauerstoffverbrauch! Und die verstärkte Atmung sah man schon nach fünf Minuten.

Ein Problem waren jedoch die verwendeten Mikroben. Hunderte verschiedene Arten tummeln sich im Belebtschlamm. Mit dieser bunten Mischung kann man keinen Standard-Biosensor produzieren.

Als Biochemie-Student in Moskau und Donezk fuhr Biokolumnist RR von 1970 bis 1975 zur Erntehilfe auf Kolchosen, wo es stets an Eiweißfutter für Nutztiere mangelte.

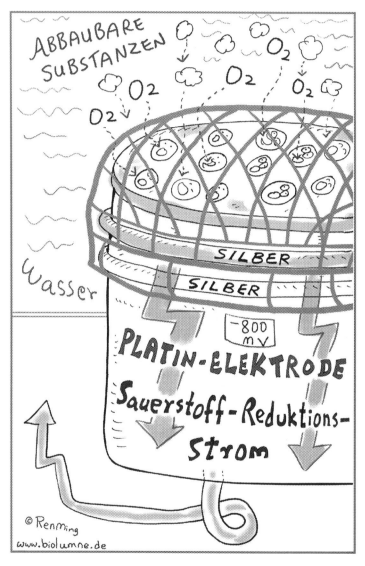

Die erfinderischen Russen kamen darauf, das Holz der riesigen Wälder Sibiriens in Futtereiweiß zu verwandeln. Dazu wurde die Zellulose in Zuckerbausteine gespaltet und der »Taiga-Zucker« an Hefen verfüttert. Die Sowjet-Mikrobenjäger zogen begeistert los und fanden Dutzende Hefestämme. Alle versagten aber, wenn – wie bei der üblichen Zellulosespaltung mit Säure – mit dem Zucker nach Neutralisieren auch Salz entsteht.

Die ersehnte Wunder-Hefe musste Salz-Sirup vertragen, also halophil sein. Die gefundene Hefe *Arxula* gedieh prächtig auf Salz-Sirup.

Riedel und sein Team griffen auf diese Sowjet-Hefe zurück. Sie stabilisierten *Arxula* mit Polymeren und konnten die Winzlinge so immer wieder benutzen.

Mit einem Ostberliner Biosensor konnte einen Monat lang exakt der BSB von Wasserproben in nur fünf Minuten bestimmt werden.

20 Jahre nach der Wende ruft Wasser-Guru Reinhard Nießner von der TU München bei RR in Hongkong an:

»Namensvetter! Wir brauchen 2,5 Millionen BSB-Biosensoren allein für deutsche Klein-Kläranlagen! Gibt es Euren Biosensor noch? Ihr wart der Zeit damals einfach mal 30 Jahre voraus!«

Wer Sorgen hat ...

Sie sind jung, männlich und wurden nicht nur einmal, sondern gleich Dutzende Male von offenbar sehr attraktiven Weibchen abgelehnt. Dann machen sie flugs, was frustrierte Männer so tun: Alkohol als Balsam auf die wunde Seele gießen.

Die Rede ist allerdings von männlichen Fruchtfliegen in Glas-Containern, nicht von jungen Männern in der Disko!

Der Neurogenetiker Galit Shohat-Ophir vom Howard Hughes Institute im US-amerikanischen Ashburn experimentierte nach einem Bericht im Fachblatt »*Science*« mit 24 männlichen *Drosophila melanogaster*.

Die Hälfte wurde in drei Vierergruppen mit 20 Weibchen pro Gruppe verbracht. Zustände wie im orientalischen Harem. Alle Fliegen-Frauen waren bereit zur Paarung, also hatte jeder Bursche mehrere Geliebte.

Die andere Hälfte wurde allein mit einer einzigen Dame zusammen gebracht, also streng monogam. Nicht nur das, die Einzige, Miss *Drosophila*, war bereits befruchtet und verweigerte sich dem neuen Galan standhaft. Nach vier Tagen kamen die Kerle in neue Container, wo Futtersaft mit und auch ohne Ethanol angeboten wurde. Die Fliegen hatten die Wahl.

Die Forscher erwarteten eigentlich, dass nach dem Ausflug alle dem Alkohol zusprechen würden, aber weit gefehlt: Die erfolgreichen Jungs hatten sogar eine gewisse Aversion gegen das berauschende Futter! Shohat-Ophir schreibt: »Die zuvor abgelehnten Männchen tranken im

11.04.15

Durchschnitt immerhin vier Mal mehr als die Glücks-pilze!«

Shohat-Ophir vermutet, dass das sogenannte Neuro-peptid F (NPF) im Gehirn der Fliegen eine Rolle spielt.

Abgelehnte Fliegenmänner hatten nämlich nur die halbe NPF-Konzentration im Gehirn. Wenn umgekehrt die Zahl der Rezeptoren für NPF im Hirn vermindert wurde, tranken auch die sexuell Erfolgreichen mehr Alkohol.

Wenn die NPF-Sensitivität aber erhöht wurde, waren wiederum auch die enttäuschten Männer nicht mehr alkoholbedürftig.

Der US-Neurogenetiker schließt daraus, dass »soziale« Erfahrungen über das NPF-Niveau im Körper biochemisch umgesetzt werden.

Umgekehrt steuert NPF aber auch das soziale Verhalten: Trinken oder Abstinenz, so dass das Belohnungssystem des Körpers zum Normalwert zurückfindet.

In Säugetieren gibt es ein ähnliches Protein, das Neuropeptid Y (NPY). Studien haben gezeigt, dass Menschen mit Depressionen und posttraumatischem Stress-Syndrom niedrigere Konzentrationen von NPY im Blut haben. Bei Ratten korreliert das mit erhöhtem Alkohol- und Drogenkonsum. Ob NPY mit sozialen menschlichen Erfahrungen zusammenspielt, bleibt zu untersuchen.

Wie funktioniert das Zusammenspiel beim Menschen? Wir sind zwar Gott sei Dank keine Fliegen, aber doch verwandt. Wir wollen ganz einfach, was so schwer zu machen ist: Rundum glücklich sein! Und der Alkohol?

Der weise Menschenkenner Wilhelm Busch meinte:
»Es ist ein Brauch von alters her:
Wer Sorgen hat, hat auch Likör«.

Die Insulaner

Diese Insulaner sind Hormone. Und die Inseln, von denen sie stammen, sind kleine Zellhaufen im Gewebe der Bauchspeicheldrüse. Eines der Hormone ist sogar nach seiner Abstammung benannt – das Insulin. Es ist das einzige Hormon, das den Blutglucosespiegel zu senken vermag.

Im fein abgestimmten Wechselspiel mit seinen Gegenspielern, zu denen auch das in benachbarten Inselzellen gebildete Glucagon gehört, gewährleistet es ein Gleichgewicht zwischen Glucoseverbrauch und Nachlieferung. Was resultiert, ist eine erstaunliche Konstanz des Blutzuckerspiegels.

Wenn nach einer Mahlzeit Glucose einflutet, stimuliert das sofort die Ausschüttung von gespeichertem Insulin. Durch dessen Wirkung auf Leber, Muskel- und Fettgewebe wird der Glucosespiegel schnell normalisiert.

So wird auch jeder Verlust des wertvollen Energiespenders durch Ausscheidung über die Niere verhindert.

Als Peptid-Hormon bindet Insulin an einen Rezeptor in der Zellmembran. Das setzt im Zellinnern eine Signalkaskade in Gang. In der Leber wird dadurch die Speicherung der eintreffenden Nahrungsglucose als Glykogen aktiviert.

Dabei helfen Transportproteine, so dass die Glucose schnell in die Zellen gelangt. Diese Transporter sind bei manchen Organen, wie Leber oder Gehirn, ständig aktiv.

Nicht so bei Muskel- und Fettzellen. Bei ihnen wandern die Transportproteine zwischen den Mahlzeiten ins

Gott: „Gelungen, schmeckt nicht süß!"

Zellinnere. Deshalb ist es bei Muskeln und Fett eine wichtige Funktion der Insulinkaskade, das Signal zum Einbau der Transportproteine zu geben. Nur dann kann die Glucose aus dem Blutstrom aufgenommen, verstoffwechselt oder gespeichert werden.

Warum ist die Blutzuckerkonstanz so wichtig? Wenn zu wenig Glucose im Blutstrom kreist, bekommt unser Gehirn, das auf Zucker als Energiequelle angewiesen ist, schnell Probleme. Schwindel, Ohnmacht oder gar Schlimmeres sind die Folge.

Auch zu viel Glucose ist schädlich. Ihre Süße lässt sie harmlos erscheinen. Doch sie ist ein sehr reaktiver Stoff. Sie reagiert unkontrolliert mit den verschiedensten Proteinen. Das ändert deren Eigenschaften und sie können ihre Funktion nicht mehr erfüllen. Geschieht das an Gefäßwänden, etwa in Augen, Nieren oder Nerven, dann kommt es zu Schäden an den Organen.

Damit nicht genug. Auch innerhalb von Zellen können vermehrt auftretende Umwandlungsprodukte der Glucose Probleme bereiten.

Und selbst eine andauernd verstärkte Insulinausschüttung macht krank.

Dadurch werden die Zellen gegen die Insulinwirkung resistent – ein Prozess, der noch weitgehend unverstanden ist. Als Folge verbleibt die Glucose im Blut und regt weitere Insulinbereitstellung an.

Das kann im Extremfall zur Erschöpfung der Inselzellen führen. Dann gerät der Stoffwechsel vollends außer Kontrolle. Natürlich versucht der Körper sich der überschüssigen Glucose zu entledigen. Sie wird mit dem Harn ausgeschieden. Dass der jetzt honigsüß schmeckt, wurde lange zur Diagnose genutzt und gab in der Übersetzung als *Diabetes mellitus* (honigsüßer Durchfluss) der Zuckerkrankheit vor über 300 Jahren ihren Namen.

Schwein gehabt

Viele Geheimnisse wurden den Hormonen bereits entlockt. Dabei haben sich allerdings fast noch mehr neue Fragen aufgetan. Doch ihr Name, entlehnt dem griechischen »antreiben«, hätte bei ihrer Entdeckung vor mehr als einem Jahrhundert nicht treffender gewählt werden können. Kein Wunder, dass diesen inneren Antreibern sehr bald therapeutisches Interesse galt.

09.05.15

Eine Strategie zielt auf Ersatz, wenn ein Hormon nicht oder nicht genügend gebildet wird, meist bei Insulin oder dem Schilddrüsenhormon. Insulin war das erste, bei dem ein Ersatz gelang. Noch bevor man seine Natur kannte, wurden Pankreas-Extrakte von Rind oder Schwein zur Behandlung des Diabetes genutzt.

Heute weiß man, dass unser Insulin ein Peptidhormon ist, das kleine Unterschiede zu dem der Tiere aufweist. Seine Funktion beeinflusst das nicht. Aber selbst der Unterschied von nur einer Aminosäure, wie beim Schwein, birgt ein Allergiepotenzial.

Deshalb ist es ein Segen, dass seit den 80er Jahren gentechnisch produziertes Humaninsulin zur Verfügung steht, zumal damit gleichzeitig das Problem der Deckung eines wachsenden Bedarfes gelöst werden konnte.

Während das stabile Schilddrüsenhormon einfach geschluckt werden kann, geht das beim Insulin nicht. Als kleines Eiweiß würde es durch die Verdauungsenzyme zerstört. Deshalb muss es gespritzt werden.

Eine andere Strategie zielt auf die Beeinflussung der Bindung eines Hormons an seinen Rezeptor.

„Leg Deine Hand nicht an das Schwein;
wir machen Insulin jetzt mit Gentechnik allein"

Das glückte zuerst beim Adrenalin, dessen Struktur man lange kannte. Das Medikament Propranolol konkurriert als Gegenspieler um die Bindung und blockiert damit quasi den Hormonrezeptor. Nach dem Rezeptor wird es auch als β-Blocker bezeichnet.

Mit ihm lassen sich Herzerkrankungen und zu hoher Blutdruck behandeln.

Die Rezeptoren des Adrenalins gehören zu einem sehr häufig vorkommenden Typ, der heptahelikaler Rezeptor genannt wird. Derzeit haben etwa zwei Drittel aller verschriebenen Medikamente solche heptahelikale Rezeptoren zum Ziel; sehr viele davon binden Hormone.

Auf der Grundlage der Kenntnis von Struktur und Funktion von Hormonen ist auch eine dritte Strategie möglich geworden.

Es werden Stoffe synthetisiert, die einem Hormon ähneln, doch nur einige seiner Funktionen besitzen. So hemmen die dem Cortisol verwandten Verbindungen Prednisolon oder Dexametason überschießende Entzündungsreaktionen oder immunologische Unverträglichkeiten.

Die Liste der Anwendungen ließe sich beträchtlich verlängern. Doch auch hier gibt es keine heile Welt. Therapeutische Wirkungen sind selten ohne Nebenwirkungen zu haben. Man liest auf jeder Packungsbeilage davon.

Und mehr noch, das Wissen um die Hormone ermöglicht auch ihren Missbrauch. Etwa wenn Erythropoietin, das die Bildung roter Blutzellen stimuliert, zum Doping genutzt wird. Andere, wie Testosteron, Wachstumshormone oder selbst Insulin, werden als Anabolika bei Mensch oder Tier eingesetzt.

So ist auch die Erforschung der Hormone ein Fundament, von dem aus die angewandte Forschung zu unserem Nutzen oder Schaden führen kann.

Gutes Riesenvirus

Viren – der blanke Horror? Nicht unbedingt. Gerade hat der Biolumnist (RR) einen tollen Vortrag über ein im Meer lebendes Virus erlebt. Das trägt den Namen CroV – *Cafeteria roenbergensis* Virus. Klingt fast, als hätte ich ihn entdeckt, aber das wäre dann der Virus *Cafeteria rennebergensis*.

Das CroV-Genom ist deutlich größer als das vieler zellulärer Organismen. »Viren werden allgemein als kleine, ziemlich gemeine und einfache Wesen betrachtet, mit nur wenigen Genen,« sagt Curtis Suttle bei seinem Vortrag an meiner Hongkonger Uni. »Dabei regeln sie sogar das Weltklima!«

Der Titel seines Vortrags: »Sind Viren die wahren Beschützer unseres Planeten?« Das Audimax der Uni platzt aus allen Nähten, wie eine Zelle voller Viren.

Viren sind pure DNA-(oder RNA-)Information mit einer Eiweiß-Hülle und quasi »tot«, solange sie nicht in eine lebende Zelle kommen. Dann aber »kapern« sie deren Kommandozentrale, und die Zelle produziert bis zum Bersten neue Viren. Antibiotika sind machtlos gegen Viren, weil diese nicht wie Bakterien einen Stoffwechsel haben.

Suttle jagt Viren auf den Weltmeeren schon seit 25 Jahren. *Cafeteria* ist nun ein Geißeltierchen, ein Flagellat. Das sind einzellige Lebewesen mit Geißeln, eine Art Mikropaddel zur Fortbewegung. Sie gehören zum Zooplankton und ernähren sich von Phytoplankton, also vegetarisch. Das Phytoplankton produziert mit Sonnenlicht

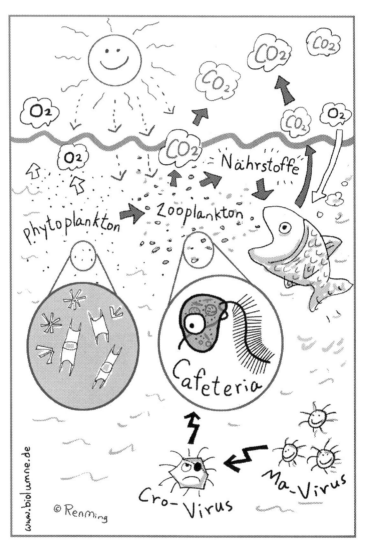

in der Photosynthese Sauerstoff. *Cafeteria* veratmet Nährstoffe und Sauerstoff zu Kohlendioxid.

»Die genetische Maschinerie des Einzellers *Cafeteria*
würde man nur in höheren zellulären Organismen

vermuten. *Cafeteria* hat fast alles, wie eine menschliche Cafeteria: Zucker, Eiweiße, DNA, mRNA«, scherzt vom Podium der engagierte Biologe von der Universität British Columbia in Vancouver.

Suttle fand, dass CroV Geißeltierchen befällt. CroV ist das größte bekannte Virus im Meer. Das Virus-Genom umfasst etwa 730 000 Basenpaare.

Interessanterweise wird das Cro-Virus seinerseits von dem kleineren MaVirus befallen.

Der evolutionäre »Sinn«? CroV infiziert *Cafeteria*, lässt es platzen und setzt so dessen Nährstoffe frei. Dann überlebt mehr Phytoplankton und hat auch Nährstoffe zum Leben. Bei der Photosynthese entsteht bekanntlich aus Kohlendioxid und Wasser Sauerstoff.

Nimmt das Gemetzel aber überhand, wird CroV durch das parasitierende Ma-Virus gebremst. Das Ma-Virus steuert also letztlich den Sauerstoff- oder den Kohlendioxid-Ausstoß der Weltmeere und damit auch unser Klima. Unglaublich!

Die Weltozeane enthalten 10^{30} Millionen Viren. Das sind 10 Millionen mal mehr Viren als Sterne im Universum!

Wir riesengroßen Menschen sind erst ganz am Anfang, diese Vielfalt zu verstehen.

Tücken
der Fettsenker

Wir hätten immer gern Gewissheiten, wohl wissend, dass es die selten gibt. Sicher ist, dass der mensch-

liche Organismus Cholesterin benötigt und auch, dass ein Zuviel davon schadet. Es begünstigt Herz-Kreislauf-Erkrankungen. Und die, und das ist ebenfalls sicher, sind derzeit eine der beiden Haupttodesursachen in den Industrienationen.

Das Cholesterin unseres Körpers – Biolumne-Leser wissen das – stammt nur teilweise direkt aus der Nahrung, den größten Teil produzieren wir selbst. Obwohl fast jedes Organ das kann, ist die Leber unsere wichtigste Cholesterin-»Fabrik«.

Als Bestandteil verschiedenster Lipoproteine zirkuliert Cholesterin im Blut. Als LDL (*Low Density Lipoprotein*) wird es von den Zellen bei Bedarf aufgenommen, auch die Leber besitzt Rezeptoren dazu. So wird es im Blut durch Zu- und Abfluss geregelt. Von LDL-Cholesterin geht auch das größte Risiko für Arteriosklerose aus.

Gewiss kann man den Cholesterin-Spiegel durch Ernährung und körperliche Aktivität beeinflussen. Obwohl dem Grenzen gesetzt sind, sollte man die eigenen Möglichkeiten dazu stets ausloten.

Doch beim Älterwerden oder wenn bereits eine Erkrankung vorliegt, reicht das oft nicht aus. Mittel der Wahl sind dann meist Statine. Ihre Hauptwirkung ist wahrscheinlich die Hemmung eines der Enzyme der Cholesterinsynthese. Statine wirken häufig sehr effizient. Langzeitstudien zeigen, dass das tatsächlich die Herz-

Kreislauf-Mortalität senkt. Doch auch der Statinwirkung sind Grenzen gesetzt.

Die scheinen durch die LDL-Aufnahme in die Leber bedingt. In den Fokus geraten ist dabei ein Protein, das

PCSK9 genannt wird. Von der Leber gebildet und ins Blut abgegeben, bindet es gemeinsam mit LDL an dessen Rezeptor. Geschieht das, wird der Rezeptor nicht weiter genutzt, sondern zerstört. So verbleibt mehr LDL im Blut. Und so scheinen die Statine auch ihre Wirkung selbst zu begrenzen, da sie nebenher die Bildung von PCSK9 steigern.

Kein Wunder, dass dieser Befund das Interesse großer Pharmakonzerne geweckt hat. Da winkt ein Milliardengeschäft! Es wurden Antikörper erzeugt, die PCSK9 reduzieren. Die ersten Ergebnisse ihrer Anwendung wurden jetzt im Fachjournal »*New England Journal of Medicine* (DOI: 10.1056/NEJMe1502192)« vorgestellt.

Sicher ist bereits, dass bei gleichzeitiger Wirkung von Statinen und PCSK9-Antikörpern der Cholesterinspiegel auf bisher unerreicht niedriges Niveau gesenkt werden kann. Doch ungewiss ist, ob damit die Haupttodesursache gedrosselt wird oder ob, ähnlich wie bei medikamentöser Hemmung der Cholesterinaufnahme aus der Nahrung im Darm, nur ein geringer zusätzlicher Nutzen erzielt werden kann.

Ungewiss ist auch, wie tief der Cholesterinspiegel wirklich sinken sollte. Ob mit zu wenig Cholesterin eventuell andere Erkrankungen begünstigt oder gar erzeugt werden. Nutzen und mögliche Risiken müssen in akzeptablem Verhältnis stehen. Und soviel ist sicher: Ganz ohne Nebenwirkungen ist ein wirksames Medikament nicht zu haben! Langzeitstudien zu der neuen Therapie wurden bereits begonnen.

Man darf gespannt sein, welche Gewissheiten sie bringen werden.

Sonne, Wind und Sauerstoff

An Tagen, an denen der Himmel blau ist und die Sonne angenehm wärmt, an solchen, an denen der laue Wind tief durchatmen lässt, da scheint unsere Umwelt wie für uns gemacht. Doch ist sie das? Mitnichten! All das, was wir in der Natur genießen, bedroht uns zugleich.

Schon der lebensnotwendige Sauerstoff, den wir einatmen, ist nicht ohne! Als er sich vor Urzeiten in der Atmosphäre anreicherte, vernichtete das mehr als 99 Prozent des bis dahin existierenden Lebens. Unter den wenigen Organismen, die widerstanden, waren einige zufällig genetisch so ausgestattet, dass es ihnen nicht nur gelang, den aggressiven Sauerstoff biochemisch zu bändigen, sondern sie konnten die dabei frei werdende Energie sogar nutzen.

Aus solchen frühen Lebensformen wurden vermutlich auch die Mitochondrien, die Kraftwerke in unseren Zellen, rekrutiert. Das Mehr an Energie ermöglichte in einem enormen Entwicklungsschub auch die Entstehung mehrzelliger Lebewesen.

Doch die zerstörerische Kraft des Sauerstoffs ist noch immer dieselbe. Und so lässt er nicht nur Stahl rosten, er oxidiert auch das Eisen des roten Blutfarbstoffes, des Hämoglobins. Das dabei gebildete Methämoglobin kann keinen Sauerstoff mehr von der Lunge zu den Organen transportieren.

Deshalb entstand bei den Sauerstoff atmenden Organismen der evolutionäre Zwang, Mechanismen zu

20.06.15

entwickeln, die dieser Oxidation entgegenwirken. Selbst ein Erklärungsversuch des Alterns beruht auf den im Körper ablaufenden Oxidationsprozessen. Auch dagegen sind verschiedenste Schutzmechanismen, etwa auf der Basis von Vitamin C, E oder anderen Antioxidantien entstanden.

Und der lau fächelnde Wind? Sicher, er kühlt uns im Sommer. Aber hätten wir nicht dieses kompliziert aufgebaute und größte all unserer Organe, das uns umfassend schützt – die Haut –, dann würde uns selbst das laueste Lüftchen austrocknen und so umbringen.

Und die wärmende Sonne ist besonders tückisch. Zwar kommt alle Energie, die wir nutzen, auch die in unserer Nahrung, letztlich von der Sonne. Und dennoch bedroht sie uns gleichzeitig in vielfältiger Weise. Allein ihr Gleißen ließe uns erblinden, schlössen wir nicht reflexhaft die Augen. Und selbst ihre angenehmen, für uns unverzichtbaren Strahlen haben die Kraft, die Erbsubstanz unserer Haut zu schädigen.

Natürlich haben sich auch dagegen Schutzmechanismen entwickelt. So legt sich der Farbstoff, der sich beim Bräunen bildet, als Schutzkappe über den Zellkern. Und da trotzdem DNA-Moleküle geschädigt werden, entstanden Enzyme, die die Schäden sofort präzise reparieren. Versagen sie, kann das Gewebe zum Tumor entarten.

So hat alles in unserer Welt zwei Gesichter. Ja, wir können leben in dieser Welt. Aber nicht, weil die Bedingungen etwa speziell für uns gemacht wären, sondern, weil wir evolutionär den uns möglichen Platz in ihr besetzt haben.

Im Kaffeesatz lesen

Im Sommer flüchtet sich der Biolumnist RR vor der feuchten Hitze von Hongkong nach Germanien mit seinen kühl(er)en Biergärten, wo man nur von innen befeuchtet wird.

04.07.15

Als kaffeesüchtiger Gartenfreund hat er sich auch in Fernost mit vielen Pflanzen umgeben. Seine Studenten pflegen sie im Moment. Die Pflanzen bekommen täglich Kaffeesatz ins Gießwasser. Auch in Deutschland experimentiert RR mit dem anfallenden Kaffeesatz seiner Espresso-Maschine ganz nach dem Motto: *Science is fun*!

Viele Nährstoffe werden beim Aufbrühen des Kaffees nicht vollständig herausgelöst: Kalium, Phosphor und Stickstoff. Alles Stoffe, die Pflanzen gut gebrauchen können: Ein Mangel an Kalium macht sich durch eine meist gelbliche Verfärbung der Blätter bemerkbar – Kaffeesatz als Dünger hilft hier.

Um den Kaffeesatz als Dünger verwenden zu können, sollten man ihn trocknen. Feuchter Kaffeesatz beginnt nämlich rasch zu schimmeln.

Manche Pflanzen lieben Saures. Der leicht saure pH-Wert von 4,9 bis 5,2 von Kaffee wird auch von uns als angenehm empfunden. Cola mit pH 3 ist deutlich saurer. Schönen Gruß an die Zähne!

Rhododendren, Hortensien, Rosen und Engelstrompeten schätzen laut Internet den reichhaltigen Kaffeesatz. Bei anderen Pflanzen muss man es ausprobieren. Auch bei ausgelaugter Erde von Topfpflanzen hilft der Kaffeesatz.

Unser Kaffee-Bäumchen zum Beispiel frohlockt beim täglichen Kaffeesatz-Beguss ...

Doch sowenig wie wir Menschen Kaffee wegen der vielen Nährstoffe darin trinken, sowenig entstand das von uns geschätzte Koffein in der Evolution eigens für uns: Der anregende Stoff sollte fressende Insekten fernhalten.

Tatsächlich werden mit Kaffeesatz gedüngte Pflanzen weniger häufig von Insekten befallen. Auch andere Plagegeister nehmen Abstand: Man streue einen Ring von Kaffeesatz um Pflanzen, um gierige Schnecken davon fernzuhalten. Regenwürmer dagegen lieben Kaffeesatz und lockern die Erde auf. Ihr Kot hinterlässt wiederum wertvolle Nährstoffe.

Was nun genau ist drin im Kaffeesatz? Carmen Monente und ihr Team von der Universität Navarra im spanischen Pamplona haben gerade den Kaffeesatz genauer analysiert und die Ergebnisse im »*Journal of Agricultural Food Chemistry*« (DOI: 10.1021/acs.jafc. 5b01619) veröffentlicht.

Mehrere tausend Substanzen sind drin! Hauptsächlich antioxidative Phenolsäuren. Das Team schlägt vor, diese Komponenten zu isolieren und für medizinische Zwecke zu verwenden. Riesige Mengen an Kaffeesatz stünden weltweit bereit.

Fazit meines Studiums: Nach 35 Seiten Lektüre chemischer Formeln bin ich leider trotz zweier Tassen Espresso fest eingeschlafen, voller Hochachtung für die Evolution des Kaffees und seiner Chemie.

Einfach
zu warm angezogen

Als Schwangere erspäht man mit geschärftem Blick gleichfalls andere Schwangere. Ein paar Jahrzehnte später Ähnliches, bewirkt durch die Enkel. Plötzlich sieht man überall nette kleine Babys – und das ist in Berlin nicht anders als in Boston.

Doch eine Frage lässt mich nicht los: Sollten Eltern an der Ostküste der USA bessere Instinkte haben als jene in Berlin? Es ist auffällig – der Nachwuchs in Boston ist meist den Temperaturen angemessen bekleidet. In Berlin dagegen dauern mich häufig die vermummten Babys, denen bei durchaus vergleichbaren Bedingungen trotz Hitze selbst im Wohnraum das Wollmützchen nicht abgenommen wird. Gut gemeint, sicherlich, aus gesundheitlicher Sicht aber nicht unbedenklich.

Die Evolution hat Neugeborene bestens gegen Unterkühlung gewappnet. Ohne Fell und oft in Kälte hätte unsere Spezies sonst wohl kaum eine Überlebenschance gehabt. Säuglinge besitzen in den ersten Lebensmonaten neben dem gewöhnlichen weißen Fett zusätzlich braunes Fettgewebe. Dessen Hauptaufgabe ist es, Energie als Wärme freizusetzen. Dadurch wird die Körpertemperatur aufrechterhalten.

Im Unterschied dazu ist der Schutz gegen Überhitzung unglaublich schlecht! Generell geben wir überschüssige Wärme durch Schwitzen ab. Das funktioniert gut, weil Verdunstung von Wassermolekülen über die Haut viel Energie verbraucht und so kann überschüssige Wärme abgeführt werden.

„Was hat es nur?"

Das gilt in jeder Lebensphase. Nur gibt es da abhängig vom Alter gewichtige Unterschiede! Der Säugling besitzt, da er so klein ist, viel weniger Wasser und damit weniger Reserven. Außerdem hat er, bezogen auf seinen Körper, eine größere durch die Haut gebildete Oberfläche als ein Erwachsener. Schwitzen bringt deshalb einen erhöhten Wasserverlust mit sich.

Und das ist noch nicht alles. Schon das Kleinkind vermag etwas, was dem Säugling noch nicht gegeben ist: Um dem gefährlichen Wasserverlust entgegenzuwirken, wird beim Schwitzen die Flüssigkeitsausscheidung über die Niere verringert.

Das Harnvolumen wird reduziert, es wird ein konzentrierter Harn ausgeschieden. Und genau das kann der Säugling noch nicht. Es fehlt ihm das antidiuretische Hormon (ADH, auch Vasopressin genannt), das die Harnkonzentrierung ermöglicht. Dieses Hormon wird erst etwa vom ersten Lebensjahr an entsprechend dem Bedarf produziert. Aus all diesen Gründen kann der Wasserverlust beim Säugling schnell beträchtlich werden.

Unbehaglichkeit signalisierendes Schreien ist noch die mildeste Folge – wenn man davon absieht, dass das den Wasserverlust weiter erhöht. Fieber, Eindickung des Blutes, Krämpfe drohen, im Extremfall sogar lebensbedrohliche Austrocknung. Und das alles aus missverstandener Fürsorglichkeit! Was kann man tun? Nun, ganz einfach: Wenn man den Säugling so kleidet, wie man es für sich selbst für angenehm hält, liegt man gewiss richtig.

Und wenn man dann bei heißem Wetter ausreichend zu trinken gibt, kann gar nichts passieren.

Mühelos abnehmen?

Wie viele wohl träumen davon? Natürlich ist hier nicht von einer weiteren ultimativen Diät die Rede, sondern von der Idee, unsere Fettzellen anzuregen, übermäßig Zugeführtes selbst zu »verbrennen«.

Doch unser weißes Fettgewebe, eben jenes, von dem bei so manchem großer Überschuss herrscht, ist dazu nicht in der Lage. Denn es soll Reserven für Ausdauerleistung oder Hungerzeiten speichern und nicht etwa selbst verbrauchen.

Deshalb fehlen ihm auch die »Kraftwerke der Zelle«, die Mitochondrien, fast völlig. Wenn etwa Muskeln Energie benötigen, werden in den Fettdepots Fettsäuren mobilisiert und über den Blutstrom angeliefert. In den Mitochondrien der Muskelzellen erfolgt der Abbau zu CO_2, das ausgeatmet wird, und Wasser. Dabei verpufft kaum Energie als Wärme, denn der Abbau ist streng mit der chemischen Speicherung der freiwerdenden Energie als ATP (Adenosintriphosphat) gekoppelt. Um abzunehmen muss man diese ATP-Energie verbrauchen – das kostet Mühe!

In der Säuglingszeit verfügen wir zusätzlich noch über anderes, braunes Fettgewebe. Dessen Zellen besitzen viele eigene Mitochondrien, deren eisenhaltige Proteine ihm auch die Farbe verleihen.

In diesen Mitochondrien geschieht etwas, was in Kraftwerken sonst möglichst verhindert wird. Anstatt die Energie verlustlos umzuwandeln, wird diese durch ein Entkopplungs-Protein (UCP1) als Wärme freigesetzt.

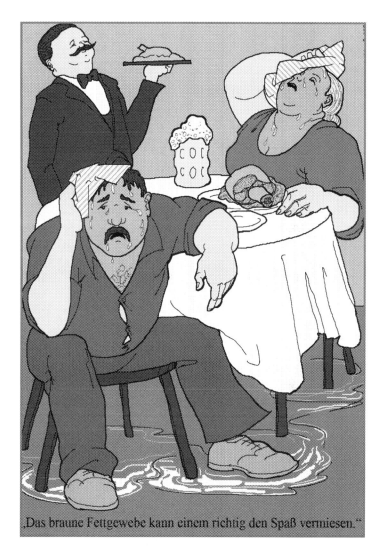

„Das braune Fettgewebe kann einem richtig den Spaß vermiesen."

Das sieht nach Vergeudung aus. Ist es aber ganz und gar nicht, weil es uns gleich nach der Geburt vor vielleicht tödlicher Unterkühlung bewahrt. Beim Erwachsenen greift ein anderer Kälteschutz.

So finden sich bei ihm nur noch wenige Reste des braunen Fettgewebes und die sind oft nicht einmal aktiv. Genau da wünscht man pharmazeutisch einzugreifen.

Zellen des Fettgewebes übergewichtiger Erwachsener sollen in beigefarbene umgewandelt werden, die wie die braunen eigene Mitochondrien besitzen. Entkoppelt vom aktiven Energiebedarf und Verbrauch, würden in ihnen Fettsäuren stetig verbrannt. Ein Medizinerteam um Alexander Pfeifer von der Uni Bonn berichtet im Fachjournal »*Nature Communications*« (DOI: 10.1038/ncomms 8235) über eine solche erfolgreiche Umwandlung.

Bei Mäusen konnten die Forscher mit einem experimentellen Wirkstoff nicht nur die Fettzellen umwandeln, sondern auch das Gewicht der Tiere verringern.

Das klingt sehr verlockend: Klappt es auch beim Menschen, könnten Fettpolster zukünftig vielleicht einfach als CO_2 ausgeatmet und weggeschwitzt werden! Noch ist es aber wohl zu früh, freudig das baldige Ende aller überschüssigen Pfunde zu feiern. Es gilt zunächst, die Ergebnisse für den Menschen zu bestätigen und vor allem zu zeigen, dass sich unerwünschte Nebeneffekte in medizinisch vertretbaren Grenzen halten. Denn der Versuch, die gestörte Gewichtsregulation durch Eingriff in das Temperaturregulationssystem zu korrigieren, kann durchaus unkalkulierbare Gefahren bergen.

Es ist zu hoffen, dass die Entwicklung auf diesem Gebiet denen, die krankhaft an Übergewicht leiden, helfen wird. Doch an sinnvoller Ernährung und Bewegung führt zukünftig sicher auch kein künstlich vermehrtes braunbeiges Fettgewebe vorbei.

Dem gerade vielge-
scholtenen Griechen-
land verdankt die
Welt weit mehr als
mancher vermuten

Alles Nano – oder was?

15.08.15

mag. »*Nano*« ist ein modernes Schlagwort geworden.
Doch was bedeutet es eigentlich?

Nun: *Nanos* ist altgriechisch und heißt Zwerg. Und
so wurde »*Nano*« bei Maßeinheiten zur Vorsilbe für den
milliardsten Teil von etwas. Ein Nanometer ist ein Milli-
ardstel Meter oder 0,000 000 001 m oder ein Millionstel
Millimeter.

Wenn man drei Goldatome nebeneinander legt, entspricht dies der Länge eines Nanometers. So hat ein
menschliches Haar einen Durchmesser von etwa 50 000
Nanometern. Eine Nadelspitze ist bereits eine Million Nanometer dick.

Anders gesagt: Ein Nanometer verhält sich zum
Durchmesser einer Orange genau so, wie sich die Orange
zur Erde verhält.

In der schönen neuen Nano-Welt haben Materialien
und Komponenten völlig andere Eigenschaften als sonst.
Sie verändern etwa Farbe, Härte oder elektrische Eigenschaften. Nano-Gold beispielsweise glänzt nicht mehr
goldgelb wie ein Trauring, sondern ist leuchtend rot. Es
wird für Biotest-Streifen verwendet, z.B. Herzinfarkt-
Tests, die treue Biolumne-Leser bereits kennen.

In der Nano-Welt gelten andere Regeln als in der sichtbaren Welt. Hier wirken die Gesetze der Quantenme-
chanik. Deshalb benötigt man besondere Beobach-
tungstechnik. Seit 1980 gibt es spezielle Instrumente,

zum Beispiel Raster-Elektronenmikroskope, um den Nanokosmos zu erforschen und sogar zu verändern. Im täglichen Leben Nanopartikel sehen?

Der Rauch jeder Zigarette hat Partikel in Nanogröße. Nanotechnologien machen die Dinge immer kleiner und präziser. Andererseits werden neuartige Materialien oder ganze Materialsysteme erzeugt.

Das Besondere an Nanomaterialien sind ihre »neuen« Eigenschaften.

Wenn ein Material (zum Beispiel ein Metall wie Aluminium) so lange zerkleinert wird, bis die Teilchen schließlich nur noch wenige Nanometer klein sind, zeigen sie mit abnehmender Größe plötzlich total neue Eigenschaften. Das entstandene feine Pulver verändert seine Eigenschaften, obwohl der Stoff chemisch noch genau derselbe ist.

Wie jeder weiß, ist Aluminiumfolie inert, also chemisch sehr stabil. Man kann sie deshalb gut im Haushalt verwenden. Aluminium-Nanopartikel mit 80 Nanometern Durchmesser jedoch sind das ganze Gegenteil davon: Sie werden als hochreaktive Substanz im Treibstoff von Feststoffraketen eingesetzt.

Die Größe und die veränderten Eigenschaften machen sie auch für den Biochemiker interessant: Biomoleküle lassen sich mit Nanopartikeln kombinieren. Bio-Nanotech ist der letzte Schrei.

So wie man jetzt die Biolumne-Cartoons im Netz auf *www.neues-deutschland.de* in Farbe sehen kann ... was sich die Autoren auch auf der gedruckten Wissenschaftsseite wünschen!

Muttermilch der Zivilisation?

Eine lustige und gleichzeitig absolut alkoholfreie Sommer-Gartenparty mag sich hierzulande kaum jemand vorstellen. Dabei hatten unsere äffischen Vorfahren vor Millionen von Jahren durchaus ein echtes Problem mit dem giftigen Ethanol …

29.08.15

Der Chemiker Steven Benner von der *Foundation for Applied Molecular Evolution* in Gainesville (Florida) glaubt, dass der erste unserer Urahnen, der Alkohol frohen Herzens genießen konnte, vor etwa zehn Millionen Jahren lebte.

Ethanol begegnete den damaligen Primaten in vergorenen Früchten. Um Alkohol abzubauen, brauchen die meisten Primaten ebenso wie wir ein Enzym, die Alkohol-Dehydrogenase (ADH). Die startet schon in Zellen der Speiseröhre, in Magen und Darm mit der Arbeit. Die Hauptarbeit bei der Alkoholentgiftung muss aber die Leber leisten.

Das erste Abbauprodukt *Acetaldehyd* ist giftig. Es ist auch für den »Kater« am nächsten Morgen verantwortlich. Ein zweites Leberenzym, die *Acetaldehyd-Dehydrogenase* (ALDH), baut das *Acetaldehyd* ab.

Die meisten meiner asiatischen Kollegen haben genau da genetisch ein Problem: Ihre Enzymvarianten arbeiten schlechter als die von uns Langnasen.

Japaner werden so schnell beschwipst und bekommen rote Köpfe vom *Acetaldehyd*. Das ist zwar sehr »ökonomisch«, aber sie klagen am nächsten Tag ganz unjapanisch über KAA-ZEN-JAMMERU.

Das japanisierte deutsche Wort ist mir bei solchen Gelegenheiten tatsächlich begegnet. *Honto desu*! (Echt!)

Inzwischen wurde die DNA von 27 modernen Primaten nach Varianten der ADH-Gene durchsucht; Schätzungen für ausgestorbene Affenarten kamen dazu.

Interessant ist nun, dass genau von dem Moment an, wo Gorillas, Schimpansen und der Vormensch voneinander abzweigen, also vor ca. zehn Millionen Jahren, Alkohol verwertet werden kann.

Der Qualitätssprung ist atemberaubend: Moderne Primaten können Alkohol 50 (!) Mal besser verwerten als andere Affen. Der englische Evolutionsforscher J. B. S. Haldane nannte den Alkohol also zu Recht »die Muttermilch der Zivilisation«.

Die ägyptischen Pyramiden hätten wohl ohne Bier mit seinen positiven Eigenschaften nicht gebaut werden können. Das Nilwasser wimmelte nämlich von Bakterien. Das saure Bier war im Vergleich dazu nahrhaft, berauschend, keimabtötend und somit hygienisch einwandfrei! Eine sogenannte Win-win-Situation.

Doch woher kommt diese genetische Veränderung bei Asiaten? Yi Peng vom Labor für Genetische Ressourcen und Evolution der Chinesischen Akademie der Wissenschaften in Kunming konnte schon 2010 zeigen, dass die Ausbreitung des Reisanbaus in China und Japan mit der evolutionären Veränderung der Abbauenzyme parallel lief. Alkohol brachte zwar wie im alten Ägypten durch Desinfektion, hohen Nährwert und Genuss eine bessere Lebensqualität.

Doch die negativen Folgen (Kater und rote Gesichter) bremsten den Alkoholismus. Warum das Warnsignal bei Wodka liebenden Russen und auch bei den übrigen Europäern nicht genauso funktionierte, bleibt ein Rätsel.

Luther und die Verdauung

»Warum rülpset und furzet ihr nicht? Hat es euch nicht geschmacket?«

Ob dieser Spruch zu Recht Martin Luther zugeschrieben wird, ist ungewiss. Und doch sagt er einiges über die Sitten jener Zeiten und die damalige Kost.

Kohl, Hülsenfrüchte und Zwiebeln waren es, die oft auf dem Speiseplan standen. Und diese Nahrungsmittel enthalten Kohlenhydrate, die nicht nur exotische Namen wie Rhamnose oder Stachyose tragen, sondern für den Menschen auch ziemlich schlecht verdaulich sind.

Verdauen, das bedeutet, die Nahrungsbestandteile in so kleine Bruchstücke zu spalten, dass sie im Dünndarm resorbiert werden können und im Körper keine allergischen Reaktionen mehr verursachen. Diese Aufspaltung erfolgt chemisch. Und zwar durch Hydrolyse, die Spaltung durch Reaktion mit Wasser.

Dabei denkt man zunächst natürlich vor allem an Fette, Eiweiße und Kohlenhydrate.

Aber auch Nukleinsäuren und etliche Vitamine werden verdaut. Doch da die Nahrungsbestandteile im Verdauungstrakt sich bestenfalls lösen, aber kaum von allein in ihre Bestandteile zerlegen, muss die Hydrolyse katalytisch beschleunigt werden.

Genau das erledigen die Verdauungsenzyme, die sich in Mund, Magen und vor allem im Dünndarm befinden. Dazu binden die Enzyme jeweils einen Nahrungsbestandteil und ein Molekül Wasser. Das geschieht exakt so, dass das Wasser leicht angreifen kann.

„Hat es Euch nicht geschmacket?"

Da Fette, Eiweiße und Kohlenhydrate aus sehr unterschiedlichen Bausteinen bestehen, ist eine breite Palette von Verdauungsenzymen vonnöten.

Wobei uns die Evolution großzügig bedacht hat, denn innerhalb einer Nährstoffart sind die Enzyme recht unspezifisch und akzeptieren die verschiedensten tierischen und pflanzlichen Stoffe.

Aber eben nicht alle. Hervorzuheben sind jene unverdaulichen Kohlenhydrate, die, in ihrer Bedeutung zunächst völlig verkannt, als Ballaststoffe bezeichnet wurden. Meist pflanzlichen Ursprungs, unterscheidet man diese chemisch sehr unterschiedlichen Nahrungsbestandteile in unlösliche und lösliche Ballaststoffe.

Unlösliche, wie Zellulose, scheiden wir chemisch unverändert aus.

Doch viele lösliche Ballaststoffe, wie die Pektine von Bohnen und Äpfeln, die auch die eingangs genannten seltenen Zucker enthalten, werden in tieferen Darmabschnitten von den dort lebenden Bakterien abgebaut.

Das tun die Bakterien zu ihrem genauso wie zu unserem Nutzen. Denn dabei entstehen kurzkettige Fettsäuren, die zwar nicht mehr in unseren Körper gelangen, aber den Schleimhautzellen des Dickdarms als Nährstoffe dienen. Nebenbei bilden sich auch erhebliche Mengen verschiedener Gase. Zu Luthers ballaststoffreichen Zeiten waren die unvermeidbaren Folgen davon sicher allgegenwärtig.

So galt damals eben als Tugend, was heute so manchen in arge Nöte bringt.

15 152 Mikrobenarten in New Yorks U-Bahn

26.09.12

Wenn es Gottes eigenes Land selber betrifft, neigt »der Amerikaner« dazu, mimosenartig zu reagieren. Die Yankees sind es schlicht gewohnt, dass alle Kriege und Konflikte außerhalb ihres Landes ausgetragen werden: Korea, Vietnam, Afghanistan, Irak, Syrien. 9/11 ist auch deshalb ein Trauma für sie.

Gerade am 11. September habe ich in meiner Umweltvorlesung an der Uni in Hongkong vor 500 Studenten ein kritisches Youtube-Video gezeigt über »Ungereimtheiten« der offiziellen US-Erklärung. Mein Vorlesungsassistent, ein typischer US-Student, hat daraufhin empört den Hörsaal verlassen. Mitleidiges Kopfschütteln bei den Chinesen.

Unlängst gab es in den USA landesweit panische Reaktionen, als das »*Wall Street Journal*« über Ergebnisse von DNA-Analysen in der New Yorker U-Bahn berichtete. Die größte U-Bahn der Welt mit 469 Stationen und etwa 5,6 Millionen Fahrten täglich ist nach Meinung der Yankees ein mögliches Ziel von Bio-Terroristen.

Christopher Mason vom *Weill Cornell Medical College* in New York analysierte 1427 Genproben aus 466 U-Bahnstationen in New York, insgesamt zehn Milliarden DNA-Fragmente.

Er fand unglaubliche 15 152 bekannte mikrobielle Lebensformen! Die andere Hälfte waren bisher noch unbekannte Mikrobenarten.

Besonders schockierte die US-Leser, dass zu den bekannten Arten der gefährliche Milzbrand-Erreger (*Bacillus anthracis*) und Pest-Bakterien gefunden wurden.

Bereits eine Woche später relativierten die Forscher die Warnung der Medien, offenbar auf Druck der Behörden.

»Die DNA-Spuren stammen von nicht mehr ansteckenden Pest- und Anthraxerregern«, hieß es.

Im Text des Fachjournals »*Cell Systems*« las es sich ohnehin nicht gar so spektakulär. Da stand schon, dass die New Yorker U-Bahn im Großen und Ganzen sicher sei und die Genfragmente keinen Hinweis auf funktionierende krankmachende Komponenten gäben.

Befragte Kollegen bemängelten dennoch Fehler in der Publikation und eine reißerische Verbreitung der Ergebnisse. Sie verweisen auf Arbeiten von Forschern der New York University, die auch auf Geldscheinen eine überraschend hohe Anzahl von Mikroben entdeckt haben.

In dem sogenannten »Dirty Money Project« wird festgestellt, dass über Geld Hunderte verschiedener Bakterienarten weitergegeben werden.

Die Forscher von der New York University identifizierten bei der Untersuchung auf Ein-Dollar-Noten 3000 Arten von Bakterien. Durch die Erreger auf den Geldscheinen könnten Magengeschwüre, Lungenentzündungen und Lebensmittelvergiftungen ausgelöst werden. Ich habe mal in der Schule gelernt zu fragen: »WEM nützt das?«

9/11, Saddams Biowaffen. Terror-Angst schüren und am besten gleichzeitig das schlecht kontrollierbare Bargeld abschaffen. *Cui bono*?

Völlegefühle

»Das liegt mir schwer im Magen« Wenn man damit nicht gerade metaphorisch von einem psychischen Problem redet, dann geht es in der Regel um fettes Essen. Doch warum gerade Fette und nicht Kohlenhydrate oder Eiweiße?

Die Ursachen sind mannigfaltig. Zuvorderst, weil Fette auf dem Verdauungsparcours durch Mund, Magen und Darm am längsten intakt bleiben. Die Kohlenhydratverdauung beginnt schon im Mund.

Fett aber wird dort nur in winziger Menge gespalten, vermutlich, damit wir es schmecken.

Die Eiweißverdauung startet im Magen. Dort gibt es zwar ein fettspaltendes Enzym. Doch das ist für die Milchfettspaltung beim Säugling verantwortlich und beim Erwachsenen kaum mehr aktiv.

So ruht die Last der Verdauung von Fetten allein auf der Lipase im Darm.

Dieses Enzym wird von der Bauchspeicheldrüse gebildet und ins Gedärm, in den Speisebrei abgegeben. Doch dort lauert das Hauptproblem! Die wasserunlöslichen Fette scheiden sich als Tröpfchen vom Speisebrei ab und entziehen sich so dem Angriff durch das Enzym. Es ist der chemische Aufbau der Fette, der diese Schwierigkeiten beschert.

Die energieliefernden Nahrungsfette bestehen aus Glycerin, das mit drei langkettigen Fettsäuren verbunden ist. Deren Kohlenwasserstoffschwänze verursachen die Wasserunlöslichkeit. Sie bestimmen nicht nur die Eigen-

„Ich hab's: Gallensäuren als Lösungsvermittler!"

schaften der Fette, sondern auch die der letztlich entstehenden Spaltprodukte: freie Fettsäuren und Glycerin, das noch eine Fettsäure trägt.

Die Evolution hat das Problem mittels Gallensäuren gelöst.

Gallensäuren sind hervorragende Lösungsvermittler, denn sie vereinen fett- und wasserfreundliche Bereiche in einem Molekül. Sie werden in der Leber aus Cholesterol gebildet und gelangen mit dem Gallensaft in den Darm. Gallensäuren sind im Speisebrei gut löslich und bohren sich von dort mit ihrem fettfreundlichen Anteil in die Fetttröpfchen hinein. Die entstehende Fettemulsion bietet Grenzflächen, an denen die Lipase sich gut anlagern kann. So vermag sie endlich mit Hilfe von Wasser die Fette zu spalten.

Zur Resorption durch die Darmzellen werden noch mehr Gallensäuren benötigt. Die lagern sich mit den Fettspaltprodukten zu kugligen Gebilden, Mizellen genannt, zusammen. In diesen Mizellen sammeln sich alle wasserabweisenden Molekülteile der Gallen- und Fettsäuren im Innern, während die wasserfreundlichen nach außen ragen. Kein Wunder, dass sich da anderes Fettlösliches problemlos mit einlagert: die Vitamine A, E, D, K und auch das Cholesterin. So verpackt kann nun alles Fettige durch die Darmzellen aufgenommen werden.

Was für ein aufwändiger Prozess! Und man ahnt es – sehr störanfällig. Sind nicht genug Gallensäuren verfügbar, sind Fettverdauung und Resorption, auch die der fettlöslichen Vitamine, sehr schnell gestört und die Fette liegen schwer im Magen.

So nimmt manche Lebensweisheit künftige Erkenntnisse vorweg. Doch gilt das beileibe nicht immer.

Man würde den Spruch vom »Verdauungsschnaps« ja gern glauben, doch die Fettverdauung wird durch Hochprozentiges wohl eher gehemmt.

Scharfe Waffen gegen Krebs

Wer bei einem Polizeieinsatz schon mal Pfefferspray abbekommen hat, dürfte das in bleibend unangenehmer Erinnerung behalten. Wobei der Name Pfefferspray eigentlich in die Irre führt. Was da versprüht wird, stammt nämlich nicht aus Pfefferkörnern, sondern aus den richtig scharfen Chili-Paprikaschoten.

30.10.15

Der Pharmakologe Wilbur L. Scoville (1865–1942) beschrieb 1912 in Detroit erstmals, wie man deren Schärfe bestimmen kann. Freiwillige wurden gebeten, eine immer weiter verdünnte Lösung der zu untersuchenden Probe zu verkosten und zu sagen, ob sie noch Schärfe feststellen konnten oder nicht.

Der Grad der Verdünnung, bei dem keine Schärfe mehr festzustellen war, wird seitdem als Scoville-Grad angegeben, SCU für *Scoville Unit*. Gemüse-Paprika ohne feststellbare Schärfe hat den Scoville-Grad 0.

Wie meine neuen ungarischen Verwandten versichern, ist Paprika sehr gesund. Das aromatische Gemüse enthält 0,1 bis 0,4 Gewichtsprozente Vitamin C. Und so gelang dem ungarischen Chemiker Albert Szent-Györgyi erstmals, Vitamin C in genügender Menge zu isolieren (1937 Nobelpreis für Medizin) – natürlich aus Paprika!

Die ursprünglichen Chili-Schoten sind so ziemlich das »Heißeste«, was man finden kann. Dafür sorgt der Wirkstoff Capsaicin. Reines Capsaicin entspricht 15 Millionen Scoville-Grad. Das bedeutet, dass man einen Milliliter reinen Capsaicins mit 15 Millionen ml (= 15 000 Liter) Wasser verdünnen müsste, um keine Schärfe mehr fest-

zustellen, die Füllung eines großen Wasser-Tanklasters von 15 Kubikmetern!

Interessant für Feinschmecker: Capsaicin wird durch Hitze oder Gefrieren nicht zersetzt. Es ist nicht wasserlöslich, aber gut in Fett und Alkohol.

Aha! Tipp: Nach einem scharfen Gericht sollte man also eben nicht *Wasser*, sondern *Milch* oder *Alkohol* trinken.

Bei uns im Fernen Osten gibt es schon seit Jahren Cremes und Pflaster mit Capsaicin bei Schmerzen. Die Schärfe hemmt auch Bakterienwachstum und Schimmelbildung. Gut nicht nur in den Tropen!

Indische Forscher zeigten schon vor zehn Jahren, dass Capsaicin in hoher Konzentration Prostata-Krebszellen bekämpfen kann. Das war in Mäusen. Gesunde Zellen blieben unversehrt. Die Mengen waren für eine tägliche Verabreichung aber einfach zu groß. Ashok Kumar Mishra und Jitendriya Swain vom *Indian Institute of Technology* in Madras suchten deshalb nach dem Mechanismus, wie sich Capsaicin an Zelloberflächen von Krebs- und Normalzellen bindet.

Capsaicin selbst fluoresziert. Es lässt sich deshalb gut sichtbar machen, wie es sich an Membran-Rezeptoren bindet und Kationen-Transport-Kanäle der Krebszellen aktiviert.

Dieser »Pfefferspray«-Einsatz könnte Leben retten. Ein guter Anfang ist zumindest gemacht – auf dem Weg zu »scharfen« Pillen und Injektionen gegen Krebs. Der Wirkstoff Capsaicin wird dann zum Ärger der Pharma-Konzerne preiswert aus Chili extrahiert.

Von der Natur lernen, heißt siegen lernen.

Bostons Bürgermeister Thomas M. Menino hatte es schon 2008 zur Chefsache erklärt: keine künstlichen Trans-

Chefsache Fett

Fettsäuren mehr in den Restaurants seiner Stadt! Die FDA (U.S. *Food and Drug Administration*) hat in diesem Jahr nachgezogen. Fette, die jene trans-Fettsäuren enthalten, gelten für die Ernährung als »allgemein nicht mehr sicher«. Drei Jahre haben die Hersteller nun Zeit, sie aus ihren Produkten zu entfernen.

14.11.15

Doch was sind diese ominösen trans-Fettsäuren eigentlich? Fettsäuren sind generell Carbonsäuren mit langen Kohlenwasserstoffketten. Meist sind die Kohlenstoffatome dieser Ketten mit Einfachbindungen verbunden.

Aber manchmal kommen auch Doppelbindungen vor. Ist das der Fall, können zwei strukturell unterschiedliche Formen auftreten. Die *cis*-Form, bei der die Fettsäureketten gekrümmt und die *trans*-Form, bei der sie langgestreckt sind. Normal für unseren Körper sind *cis*-Formen.

Dienen die Fettsäuren zur Energiegewinnung, dann ist das egal. Problematisch kann es aber werden, wenn aus den Fettsäuren Gewebshormone entstehen oder sie in Zellmembranen eingebaut werden.

Zur Chefsache in Boston und anderswo wurden die trans-Fettsäuren allerdings deshalb, weil sie den LDL-Spiegel im Blut erhöhen und den HDL-Spiegel senken. Ein hoher LDL- bzw. ein niedriger HDL-Spiegel sind wichtige Risikofaktoren für das Entstehen von Herz-Kreislauf-Erkrankungen. Die sind in den Industrieländern Todesursache Nr. 1 und man hofft, deren Zahl reduzieren zu können.

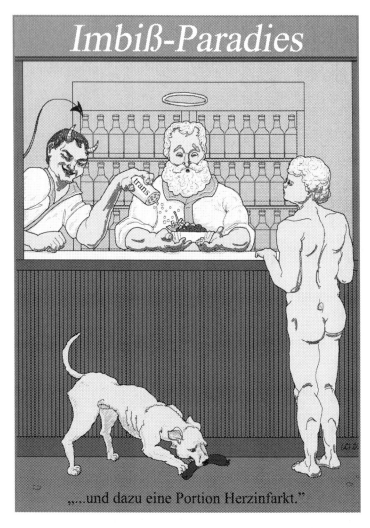

Imbiß-Paradies

„...und dazu eine Portion Herzinfarkt.“

Wie kommen trans-Fettsäuren in unsere Nahrung? In natürlichen flüssigen Pflanzenölen sind keine. Jedoch entstehen sie bei deren Umwandlung zu streichfähigen Fetten durch einen Prozess, der »Härtung« genannt wird. Dabei erfolgt eine Wasserstoffanlagerung an einige Dop-

pelbindungen in den Molekülen, die dadurch zu Einfachbindungen werden. Verbleibende Doppelbindungen
wandeln sich oft in die *trans*-Form um.

So werden viele Margarinen produziert. Desgleichen
entstehen trans-Fettsäuren bei der Herstellung von Pom-
mes frites, Kartoffelchips, Keksen und vielen Fertigge-
richten. Nun ist es beileibe nicht so, dass erst Fetthärtung
die trans-Fettsäuren in unsere Nahrung gebracht hat. Sie
kommen auch natürlich in Milchprodukten, Rind- oder
Hammelfleisch vor. Leider bilden sie sich auch zahlreich
beim Braten in Öl.

Die WHO fordert schon seit über einem Jahrzehnt,
künstliche Transfette aus der Welternährung zu tilgen.
Doch deutsche Behörden sehen bisher, außer der Forde-
rung, »gehärtetes Fett« auf Verpackungen zu kennzeich-
nen, keinerlei Handlungsbedarf. Sie befinden, dieser
meist nur mit Lupe lesebare Vermerk zusammen mit freiwilligen Bemühungen der Industrie, müssten dem mün-
digen Bürger reichen.

Tatsächlich hat die Lebensmittelindustrie im letzten
Jahrzehnt bei vielen Margarinen den Gehalt an trans-Fet-
ten deutlich gesenkt. Doch wer kann schon ohne nume-
rische Deklarationspflicht ahnen, wie viel wo enthalten –
und wie viel vermutlich tolerierbar – ist.

Darum: Wann immer sich beim Einkauf der Hinweis
»gehärtetes Fett« findet, sollte man das Produkt mög
lichst meiden!

Rubens wusste es besser

28.11.15

Der Leumund der Fette ist schlecht. Ein Zuviel, ob in der Nahrung, ob am Körper, ist auch wahrlich nicht gut. Doch dabei wird schnell übersehen, dass Fett unverzichtbar ist. Es wartet durchaus nicht nur dröge in seinen Polstern, bis wir seine Energie brauchen. Es hat viele Funktionen:

In der Unterhaut gelegen, isoliert es gegen Wärmeverlust. Als Talg, auf Haut und Haare verteilt, sichert es deren Geschmeidigkeit und schützt gegen Krankheitskeime. Die Fettpolster von Katzen-Samtpfoten sind zwar dicker, aber unsere Fußsohlen sind zum Laufen auch ausreichend gepolstert. Und im Innern des Körpers ruhen Organe, wie etwa die Niere, gut stoßgeschützt in ihrem Fett.

Schließlich, ohne unbedingt Rubens zum Maßstab zu machen, sowohl ein Zuviel als auch ein Zuwenig an modulierender Schicht beeinträchtigt nicht nur die Ästhetik. Doch Fette können noch mehr. Komplexe Lipide bilden das Gerüst aller Zellmembranen. Und einzelne Fettsäuren, aus diesen Membranlipiden enzymatisch herausgetrennt, liefern Vorstufen für die Gewebshormone. Mehr noch, das gesamte Fettgewebe produziert, vergleichbar einer Drüse, verschiedenste Hormone.

Und nicht zu vergessen, auch Cholesterin ist ein Lipid und Muttersubstanz vieler wichtiger Stoffe. Es gibt also keinen Zweifel – jeder Mensch braucht Fett.

Was würde bei einer „*No Fett Diät*" geschehen? Prinzipiell können wir Fett aus Kohlenhydraten und Proteinen selbst produzieren!

Zur Energiespeicherung und Cholesterinsynthese reicht das allemal. Aber es sind uns Grenzen gesetzt. Die Ursache ist simpel: unser Körper kann nur Fettsäuren synthetisieren, die entweder gar keine oder nur eine Doppelbindung besitzen.

Diese Doppelbindung sitzt genau in der Mitte der meist 18 Kohlenstoffatome langen Ketten. Aber für Zellmembranen oder Gewebshormone brauchen wir auch Fettsäuren, die weitere Doppelbindungen besitzen und zwar solche, die, vom Schwanzende her gezählt, vom 3. oder 6. Kohlenstoffatom ausgehen. Sie werden Omega-3- und Omega-6-Fettsäuren genannt. Die zu ihrer Bildung notwendigen Enzyme hat die Evolution bei Tieren eingespart. Das überlassen wir den Pflanzen. Deren Öle, außer dem aus Oliven, liefern uns ausreichend Omega-6-Fettsäuren.

Doch an Omega-3 leiden wir oft Mangel! Da sieht es bei den Quellen magerer aus. Aber Raps- und Leinöl etwa, sind gute Quellen. Und über Fischgenuss machen wir uns Omega-3-Fettsäuren, die letztendlich aus Algen stammen, zunutze.

Damit ist eine Aufgabe der Nahrungsfette klar; sie müssen uns essenzielle Fettsäuren liefern. Eine weitere, sie ermöglichen die Resorption der fettlöslichen Vitamine. Und noch etwas. Spezielles Augenmerk wird derzeit darauf gerichtet, dass Art und Menge der Nahrungsfette auch die Zusammensetzung unserer Darmflora beeinflussen.

Das wiederum könnte Auswirkungen auf unsere Gesundheit haben (DOI: 10.1016/j.cmet 2015.07.026,2015).

So ist der schlechte Ruf der Fette eigentlich übelste Nachrede – es ist nur eine Frage des richtigen Fetts – und wieder mal der richtigen Menge.

Weihnachtsbraten

So ein Braten enthält wertvolle Eiweiße (Proteine), die uns wichtige Aminosäuren liefern. In diese müssen die oft riesigen Eiweißmoleküle gespalten werden, ehe wir sie nutzen können. Doch selbst, wenn uns voller Vorfreude das Wasser im Munde zusammenläuft, geschieht mit den Eiweißen beim Kauen kaum etwas. Der Speichel, der sich da fließend sammelt, enthält keine Enzyme zu ihrer Verwertung.

Erst wenn so ein Bissen in den Magen rutscht, steht dort mit dem Pepsin ein Enzym für die Proteinverdauung bereit. Pepsin ist das wichtigste Enzym, das der Magen liefert. Aber der Magen bildet etwas noch Wichtigeres:

Salzsäure! Nein, Nahrungseiweiße aufspalten kann diese Säure nicht. Wohl aber Keime abtöten. So wird gesichert, dass die Ernährung uns nicht zur gesundheitlichen Bedrohung gerät. Gleichzeitig schafft die Magensäure auch wichtige Voraussetzungen für die Eiweißverdauung.

Pepsin kann, wie alle Eiweiß-verdauenden Enzyme, nicht zwischen Körper- und Nahrungseiweißen unterscheiden. Um Selbstverdauung zu vermeiden, ist unser Verdauungstrakt deshalb nicht nur mit einer dicken Schleimschicht ausgekleidet, sondern die Enzyme werden zunächst auch in inaktiver Form gebildet. Beim Pepsin ist dazu der Ort, an den sich Eiweiß und Wasser zur Katalyse der Spaltung anlagern müssen, durch einen kurzen Enzymabschnitt deckelartig verschlossen. Der Deckel muss weg. Das wird durch die Säure initiiert und durch bereits aktiviertes Pepsin fortgesetzt. Für das aktive Pepsin schafft

„Einmal im Jahr darf man sündigen."

die Salzsäure mit einem niedrigen pH-Wert des Magensaftes optimale Wirkungsbedingungen.

Und noch etwas. Die oft kugelförmigen Eiweiße bieten nur wenige Angriffsorte. Unter der Einwirkung der Säure falten sich jedoch die kompakten Strukturen auf und bisher verborgene Bereiche werden zugänglich.

Denaturierung nennt man diesen Prozess. Die entfalteten Ketten bieten deutlich mehr Angriffsmöglichkeiten. Das Pepsin beginnt, unsere Brateneiweiße in Bruchstücke, Peptide genannt, zu spalten.

Der wichtigste Ort der Eiweißverdauung ist jedoch nicht der Magen, sondern der sich anschließende Dünndarm. Die meisten der dort wirkenden Enzyme werden von der Bauchspeicheldrüse geliefert: Trypsin und Chymotrypsin erzeugen immer kleinere Bruchstücke und gleichzeitig spalten andere Enzyme direkt Aminosäuren ab. Die werden durch die Darmzellen hindurch ins Blut transportiert. Parallel werden auch kleine Peptide in die Darmzellen aufgenommen und erst dort durch weitere Enzyme endgültig in Aminosäuren zerlegt.

Proteine sind die Nahrungsbestandteile, die am häufigsten Allergien verursachen. Das kann auf verschiedenen Wegen geschehen und ist bis heute nicht völlig verstanden. Potentiell kann jedes Protein Allergien auslösen. Doch zum Glück sind die Eiweiße unseres Bratens für die meisten Menschen gut zu verdauen.

Weihnachtsbraten gibt es ohnehin nur einmal im Jahr. Auch hat eine einmalige kalorische Sünde viel geringere Folgen, als stetige kleine. Wir sollten den Festtagsschmaus einfach entspannt genießen!

Printed in the United States
By Bookmasters